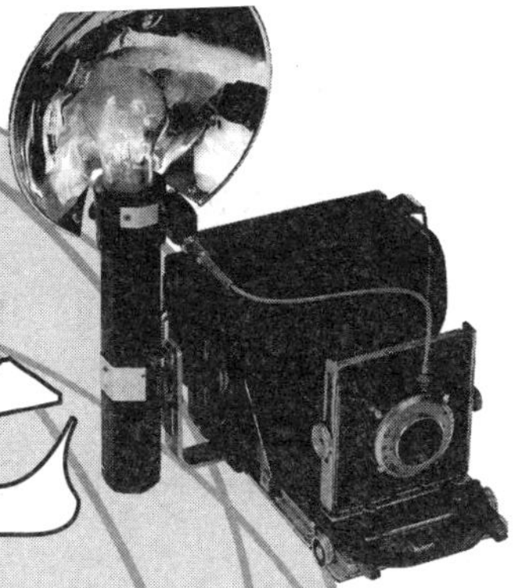

# 姹紫嫣红的科学世纪

杨福征 编著

广西出版传媒集团 | 广西科学技术出版社

**图书在版编目（CIP）数据**

姹紫嫣红的科学世纪 / 杨福征编著. —南宁：广西科学技术出版社，2012.6（2020.6 重印）
（少年科学文库. 世界科学史漫话丛书）
ISBN 978-7-80619-628-1

Ⅰ. ①姹… Ⅱ. ①杨… Ⅲ. ①自然科学史—世界—19 世纪—少年读物 Ⅳ. ① N091-49

中国版本图书馆 CIP 数据核字（2012）第 137905 号

**世界科学史漫话丛书**
**姹紫嫣红的科学世纪**
CHAZI-YANHONG DE KEXUE SHIJI
杨福征　编著

**责任编辑**　池庆松　　**封面设计**　叁壹明道
**责任校对**　黄博威　　**责任印制**　韦文印

**出 版 人**　卢培钊
**出版发行**　广西科学技术出版社
（南宁市东葛路 66 号　邮政编码 530023）
**印　　刷**　永清县晔盛亚胶印有限公司
（永清县工业区大良村西部　邮政编码 065600）
**开　　本**　700mm × 950mm　1/16
**印　　张**　10
**字　　数**　129 千字
**版次印次**　2020年6月第 1 版第 5 次
**书　　号**　ISBN 978-7-80619-628-1
**定　　价**　19.80 元

# 致二十一世纪的主人

（代　序）

钱三强

21世纪，对我们中华民族的前途命运，是个关键的历史时期。21世纪的少年儿童，他们肩负着特殊的历史使命。为此，我们现在的成年人都应多为他们着想，为把他们造就成21世纪的优秀人才多尽一份心，多出一份力。人才成长，除了主观因素外，在客观上也需要各种物质的和精神的条件，其中，能否源源不断地为他们提供优质图书，对于少年儿童，在某种意义上说，是一个关键性条件。经验告诉人们，一本好书往往可以造就一个人，而一本坏书则可以毁掉一个人。我几乎天天盼着出版界利用社会主义的出版阵地，为我们21世纪的主人多出好书。广西科学技术出版社在这方面做出了令人欣喜的贡献。他们特邀我国科普创作界的一批著名科普作家，编辑出版了大型系列化自然科学普及读物——《少年科学文库》以下简称《文库》。《文库》分“科学知识”、“科技发展史”和“科学文艺”三大类，约计100种。《文库》除反映基础学科的知识外，还深入浅出地全面介绍当今世界的科学技术成就，充分体现了20世纪 90 年代科技发展的水平。现在科普读物已有不少，而《文库》这批读物的特有魅力，主要表现在观点新、题材新、角度新和手法新，内容丰富、覆盖面广、插图精美、形式活泼、语言流畅、通俗易懂，富于科学性、可读性、趣味性。因此，说《文库》是开启科技知识宝库的钥匙，缔造 21 世纪人才的摇篮，并不夸张。《文库》将成为中国少年朋友增长知识，发展智慧，促进成才的亲密朋友。

亲爱的少年朋友们，当你们走上工作岗位的时候，呈现在你们面前的将是一个繁花似锦的、具有高度文明的时代，也是科学技术高度发达的崭新时代。现代科学技术发展速度之快、规模之大、对人类社会的生产和生活产生影响之深，都是过去无法比拟的。我们的少年朋友，要想胜任驾驭时代航船，就必须从现在起努力学习科学，增长知识，扩大眼界，认识社会和自然发展的客观规律，为建设有中国特色的社会主义而艰苦奋斗。

我真诚地相信，在这方面，《文库》将会对你们提供十分有益的帮助，同时我衷心地希望，你们一定为当好 21 世纪的主人，知难而进，锲而不舍，从书本、从实践吸取现代科学知识的营养，使自己的视野更开阔，思想更活跃，思路更敏捷，更加聪明能干，将来成长为杰出的人才和科学巨匠，为中华民族的科学技术实现划时代的崛起，为中国迈人世界科技先进强国之林而奋斗。

亲爱的少年朋友，祝愿你们奔向未来的航程充满闪光的成功之标。

# 主编的话

《世界科学史漫话》丛书（共10册），是《少年科学文库》的一个重要组成部分，是我们怀着美好的祝愿和真切的期望献给广大青少年朋友的一份礼物。

当前的时代，是科学技术飞速发展、新科技革命蓬勃兴起的时代。作为未来社会的建设者和主人，应该为着社会的进步和人类的幸福，把自己培养成掌握丰富科学文化知识的创造型人才。

“才以学为本”，“学而为智者，不学而为愚者”。要用人类创造的优秀科学文化成果把自己武装起来。科学史知识是这种创造型人才优化的知识结构中不可或缺的一个组分。任何科学知识的发现和技术成果的发明，都有一个酝酿、产生和发展的过程，这其中不但渗透着科学家们追求真理、献身科学、顽强拼搏、百折不挠、尊重事实、严谨治学的科学精神，而且包含着他们勇于探索、敢于创新、善于创造性地运用类比、模型、猜测、推理和想像等找到突破口的正确思路和科学方法。科学史就是通过这些生动具体、有血有肉的科学探索的史实，告诉人们科学是如何产生、如何发展的，那些名垂青史的科学大师们是如何成长、如何成功的。使读者从中受到感人至深、催人奋进的科学精神的激励，并从科学家们的成功与失败、经验与教训中学习科学方法，培养科学思维，领悟到一点科学创造的“天机”，获得超出课堂知识学习的有益启示。英国哲学家F.培根说：“学史使人明智。”我国近代思想家梁启超也说，学史可以“益人神智”。

所以，对于有志于献身科学技术事业的青少年来说，应该知道毕达哥拉斯、亚里士多德、欧几里得、阿基米德；应该知道墨翟、扁鹊、张衡、李时珍；应该知道牛顿、道尔顿、达尔文、爱因斯坦、居里夫人；应该知道钱三强、丁肇中、李政道、杨振宁，应该知道相对论的提出，核裂变的发现，遗传密码的破译，大爆炸宇宙模型的创立；还应该知道近代以来几次科技革命的兴起和巨大社会意义。

在人类五千年的科技发展中，科学的发现和技术的发明比比皆是、不胜枚举，科学史的园地里真是五彩缤纷、气象万千，我们不可能对这个历史过程作全景式的描述。这套丛书就像一个科学史“导游图”，只是从各个历史时期的科技发展中，选择一些有代表性的典型事件，作为一个个“景点”，引导读者沿着历史的足迹，领略一下用人类智慧构筑成的科学园地奇伟瑰丽的景观。

愿这套丛书能够帮助青少年朋友增长知识，发展智慧，“站在巨人的肩上”迅速成才！

编者

# 目　录

# 开　篇

# 19 世纪是科学的世纪

经过前几个世纪的积累，科学知识已很可观，科学方法确立起来了，科学思想进一步解放，于是，迎来了科学园地百花盛开的 19 世纪，涌现出无数新的发明和发现。

19 世纪，自然科学的许多部门，已经从经验描述上升为理论概括，逐渐形成了自己的体系。其中，带头学科物理学表现得最为明显。发现能量守恒定律（能量既不能无中生有，也不能消失无踪），是这一世纪物理学最伟大的成就；建立电磁理论，将电和磁联系起来，完成了物理学的又一次大综合。这些事实，改变了科学家们的自然观和思想方法。

在 19 世纪，物理学从无机界角度证明了自然界是统一的，而生物学以进化论为指导，从有机界角度证明了这种统一性。化学则干脆证明了无机界与有机界之间没有不可逾越的鸿沟。

在 19 世纪，科学的理论研究高举着火炬，指引人们避免盲目的实践，有效地促进了各种发明和发现，因而，这个世纪可以称为“科学世纪”，也可以称为“新技术世纪”。这一个世纪人类取得的科技成果，几乎比前几个世纪的总和还多。

由于信息传播加快，科学研究一旦出现成果，很快就被同行们分享。但是，各国的科学发展是不平衡的，因而在 19 世纪，出现过几次科学中心的转移。

19 世纪初，伦敦街头还是煤气灯照明，贵族们的代步工具还是木轮马车。可是，到 19 世纪末，已经有汽车在公路上行驶，电牵引的列车在铁路上奔驰，电灯也已经普及到千家万户。

我们可以这样概括 19 世纪的科学发展：19 世纪之初，人类受惠于力学与光学成果，人手握工具可以劈山填海，用望远镜证实了月亮上并没有白兔。但是人的耳朵和嘴巴的功能却没有得到代替和改进，代步也只能借助畜力和风力。然而，到了 19 世纪末，人的耳朵通过电话就可以听到千里之外的声音，嘴巴也可以隔着海洋与亲人交谈，人还能飘上蓝天或潜入洋底，可以听到儿时的啼笑，也可以重现逝去的岁月。

19 世纪的科学成果，真是令人眼花缭乱，目不暇接。我们在本书中，只能挂一漏万，选取其中最重要的故事加以讲述。

这些故事大体上按年代顺序排列，可是为了说明某些事件产生的背景或相互联系，又按学科作了简单的分类。

# 科学中心在法国

19 世纪之初，法国科学界举着数学旗帜走在世界科学前列。早在 18 世纪，牛顿（1642 年～1727 年）建立他的力学理论之后，继续加以发展的不仅有他的同胞，更重要的是欧洲大陆的学者们，尤其是法国的一批数学家，首先是莫泊丢（1698 年～1759 年）等人将牛顿力学介绍到法国，后来又由伏尔泰（1694 年～1778 年）加以通俗化后广为宣传。这引起了一些数学家们的注意，并通过这些人的工作，牛顿力学更为完善、更有应用价值了。

这批数学家的名字，在中学课本中很少出现，但在大学的数学和力学教材中，却一再提及。由他们发展的力学理论在天文学上也取得了很大的成功。

对电与磁的理论研究，也是法国率先，英国当时还相对落后一些。

在 19 世纪初，法国已经对科学学科作了明确的划分，投入了相当的人力和物力，其中，物理学已从自然哲学中独立出来作为一门学科。早在 18 世纪中期，法国的一些高等学校就已设有物理学教授职务，1753 年还有了专门的实验物理学课程。

法国人库仑（1736 年～1806 年）发现了静电和静磁学定律，它的形式与万有引力定律相似。

与伽利略（1564 年～1642 年）齐名的法国化学家拉瓦锡（1743

年～1794 年）使法国科学在 18 世纪末就已经在世界领先，可惜他在大革命中因为政治问题而被处死。著名数学家拉格朗日（1736 年～1813 年）曾说："被砍下的这颗头颅至少在 100 年后才能长得出来。"

在生物学中，进化论的先驱者拉马克（1744 年～1829 年）也是这一时期的法国人。

法国作为 19 世纪初叶的科学中心是当之无愧的。后面我们将通过一些具体事例来讲述这一时期的科学故事。

# 科学中心在英国短暂停留

英国曾有过两位姓培根的著名哲学家，一位叫罗吉尔·培根（1214 年～1294 年），另一位叫弗朗西斯·培根（1561 年～1626 年）。他俩都提倡重视实验，摆脱传统偏见。这对英国乃至世界都很有影响，大大推动了近代科学的发展。

两位培根认为人们产生错误的原因有四条。罗吉尔·培根归结为：

1. 对权威的过分崇拜；

2. 习惯势力；

3. 个人偏见；

4. 对知识的自负。

弗朗西斯·培根提出了“知识就是力量”的著名口号。他指出，有四个偶像阻碍科学的发展，只有把人类的心智从这些偶像中解放出来，才能使科学前景光明灿烂。这四个偶像是：

1. 种族偶像——把人的天性掺杂到客观事物中去，因而歪曲了事物的真相；

2. 洞穴偶像——因个人所处环境的差异而形成的偏见；

3. 市场偶像——依照流行的观念，使用不适当的、不正确的语言、词汇而引起的错误；

4. 剧场偶像——盲目迷信权威，特别是传统哲学而产生的偏见。

英国的好几位著名科学家，像波义尔（1627 年～1691 年）、卡文迪许（1731 年～1810 年）、道尔顿（1766 年～1844 年）、达尔文（1809 年～1882 年）、法拉第（1791 年～1867 年）都不是大学出来的。因为 18 世纪末到 19 世纪初，英国的大学，包括像牛津、剑桥这样著名的学府，都还非常守旧，没有像欧洲大陆那样的科学研究精神。后来由于他们的开创性工作，才使英国成了新的世界科学中心，后来英国进行了教育改革，在科学研究方面更有成绩。虽然到了 19 世纪下半叶，科学中心转向了德国，但是世界物理学的中心，一直到 19 世纪末仍停留在英国。

# 德国后来居上

19 世纪初，德国科学还相当落后。一些学者竟然愚蠢地出来反对牛顿的物理学。直到 1830 年以后，以伟大的化学家尤斯图·冯·李比希（1803 年～1873 年）为代表的德国实验科学家们，才陆续在大学里建立起一些科学研究和人才培训的实验室。

李比希在 19 岁得到博士学位后，去法国深造，不仅学到了更多的化学知识，而且看到了法国教育改革的成功。1824 年，他才 21 岁，回国后愈发感到德国化学的落后。他首先改进实验室，并经过两年的努力，在他任教的吉森大学建立了可以容纳 22 名学生的实验室和可以容纳 100 多人听课的教室。他的实验室培养出一大批一流的化学人才，著名化学家霍夫曼就是他的学生。他的实验室成为当时世界化学家注目的地方（在德文中“实验室”原意就是指“化学实验室”）。

德国的大学实验室是一种新型的实验室，它有专门的研究人员，而且通过实验室进行学术交流，以加速科研进展。

德国以化学实验室为突破口所进行的教育改革，很快取得成效，使德国在 19 世纪末在有机化学、合成染料工业、煤化学工业方面领先于世界。

另一方面，虽然是英国人法拉第发现了电磁感应现象，但真正利用这一现象制成实用发电机和电动机的，却是以德国西门子公司最为杰出。驰名世界的西门子公司的创建人维尔纳·冯·西门子（1816 年～1892 年）是一位集科学家、工程师、企业家于一身的多才多艺的人物，他很快就将发明变为商品，将发现加以利用。

德国后来居上，还因它的冶金业和制造业非常发达。

从 19 世纪 30 年代开始，各先进国家都开始修铁路、造轮船、生产武器，因而对钢铁的需求量与日俱增。老式炼钢法效率极低，自从英国人亨利·贝塞麦（1813 年～1898 年）发明了转炉炼钢，冶炼时间一下子从几天缩短到十几分钟，这真是一项了不起的发明。不到两年，德国的弗里德利希·克虏伯（1787 年～1826 年）就建成了有转炉设备的炼钢企业。以后西门子公司又用电炉炼钢。克虏伯工厂后来成为德国最大的武器制造商，在 1870 年的普法战争中，普鲁士用的就是克虏伯生产的钢制大炮，而法国那时用的还是青铜大炮。

以电力、冶金、机械加工、化学工业为龙头产业，使 19 世纪初还是农业为主的德国，到了 19 世纪后半叶已成为工业强国，而工业发达反过来又促进其科学的发展。

# 数理篇

# 数学变得高不可攀

数学被尊为“科学皇后”。在科学发展史上，数学一直走在前面。数学上取得的重大进展，只要在其他学科上被采用，便立即推动科学的发展。

在牛顿以前，物理学只能研究匀速和匀加速运动。牛顿发明了微积分（一种高等数学）才解决了变速问题。这一项发明，也使数学进入了变量数学阶段。

19 世纪以前，数学的发展动力多半来源于应用上的需要。到了 19 世纪，数学已经羽毛丰满，形成了自己的体系。于是有些数学家开始向纯数学方向进军。如果说以前的数学只是专心辅助科学发展的“皇后”，那么现在的她已开始转变为凌驾于科学之上的“女皇”了。

今天，我们高中毕业前所接触到的数学，基本上相当于牛顿以前的初等数学。牛顿以后的高等数学内容要到大学甚至研究生阶段才能讲到。下面就是两个有代表性的、与诞生于 19 世纪的数学分支有关的故事。

# 数学神童

在19世纪，对现代数学作出开创性贡献的数学家有好几位，有的因为早慧而堪称神童。这里要讲的是一位既早慧又早逝的数学神童的故事。他就是在暂短的一生中给后人留下巨大精神财富的伽罗华（1811年～1832年）。

伽罗华小时候受到母亲的良好教育。中学时代接触到几何学之后，他便被吸引住了。16岁的时候，他便研究起五次方程求解问题。可是他竟然两次未能考取巴黎的综合技术学校。据说不是因为他数学不好，正相反，一次是他嫌主考官提的问题过于简单而未加回答；另一次是在伽罗华回答问题时，考官却听不懂，气得他将擦板向考官掷过去。这两件轶事都从旁说明，伽罗华的数学思想是超越他那个时代的。

在高等代数领域，几个世纪以来，数学家们已经可以解出四次方程。再高次的方程是否也能解出呢？伽罗华证明那是不可能的，堵死了人们在这方面无谓的努力。更重要的是他首先在高等代数中引入了“群”的概念，开辟了一个崭新的领域——群论。这一数学新分支，到20世纪50年代，在物理学中成为重要的数学工具。回过头来，人们更加佩服这位数学神童的远见。

可是，这样一位才华横溢的青年，在21岁时却因决斗而结束了宝贵的生命，这真是科学史上的憾事！

伽罗华 20 岁的时候，因为积极参加法国大革命，曾两次被捕入狱。1832 年 4 月出狱当天，他的政敌找个理由要求与他决斗。年轻气盛的伽罗华怎能忍受这种侮辱！他毅然接受了挑战。他也意识到决斗会有不幸的后果。头一天晚上，他便将数学研究的心得扼要写出。幸亏如此，才使得后人可以继续他开创的工作。

据说他的全集只有 60 多页，那是因为在决斗之前，两次不幸的际遇使他的手稿受到损失。一次是他将自己到 17 岁为止全部主要数学发现，都呈交给柯西（1789 年～1857 年）（当时著名的数学家），柯西答应负责交给法国科学院，但是这位数学大师不但将此事忘记，而且将手稿给弄丢了。另一次是 1830 年，伽罗华将一篇手稿送去参加科学院的数学大奖赛，由学会书记带回家中审阅，没想到这位书记突然去世，手稿也就下落不明了。

# 非欧几何学

现在中学里学的几何学，都是来源于古希腊数学家欧几里得（公元前3世纪）的《几何学原本》，因此被称为欧氏几何学。二千多年来，它一直被用作教材。该书中第五公设说："如果两条直线被第三条直线所截，在截线一侧的两个内角的和小于两个直角；那么这两条直线在这一侧无止境地延长后，一定会相交。"这与下面的命题是等价的："过已知直线外的一个已知点，只能作一条直线与已知直线平行。"这个公设似乎是天衣无缝的。

后来的数学家们提出，第五公设能否看作是一个定理？能否用其他公设和命题来证明第五公设呢？长期以来许多数学家绞尽脑汁，却仍然未能得出结果。

到了19世纪20年代，俄国喀山大学教授尼古拉·伊凡诺维奇·罗巴切夫斯基（1796年～1856年）选取了与他人不同的思路来证明第五公设，他有意提出一个与第五公设相矛盾的新命题，即："过不在已知直线上的一点，可以引出不止一条，至少是两条直线与已知直线平行。"用它来代替第五公设，与欧氏几何的其他公设、公理、定义以及与第五公设没有关系的定理组成一个系统，结果其间毫无矛盾。于是，他得出结论：

1. 第五公设不能证明；

2. 这个新命题可以形成与欧氏几何一样完善、严密的几何学。

罗氏的工作是 19 世纪数学领域最光辉的成果。

在罗氏之后，德国数学家贝尔纳·黎曼（1826 年～1866 年）又建立起另一种几何学。它据以出发的公设是："过线外一点在平面上不能作直线与已知直线平行。"

罗氏和黎氏的几何学现在都称为"非欧几何学"。后来在爱因斯坦的广义相对论中，就用到了黎曼几何学。

这两种几何学在高中都不讲授，不过我们可以举出它们之间在一条简单定理上的差别，来领略其不同。在欧氏几何中可以证明三角形三个内角之和为 180°，而罗氏几何中，则可证明三角形内角之和小于 180°，在黎曼几何中，它们的和则大于 180°。

# 光本性是什么

光到底是什么？对这个问题，物理学家们众说纷纭，莫衷一是。有人说光是一种微小的粒子，有人说光是一种波。在牛顿之后，主张光是粒子的人居多数，他们用这种光本性能解释光的反射和折射现象。直到18世纪，很少有人重提光是一种波动。

19世纪伊始，一位医生重新引发了对光的本性的争论。这位医生就是英国的托马斯·杨（1773年～1829年）。医生仅是他的职业，他真正的爱好是物理学。托马斯·杨是一位早慧的神童。他2岁时就能阅读；9岁时能动手制做简单仪器；14岁时已熟悉微积分学并掌握了多种语言；20岁时发表了关于眼睛构造的论文；1800年，在他27岁时，发表了一篇为光的波动说辩护的论文，批评了光本性是粒子的观点。1802年，他以实验为依据提出了光是发光体在以太中激起的波动，而以太是充满宇宙空间的。

他的实验设计得非常巧妙，现在被称为“杨氏干涉实验”。他让来自点光源的一束光，通过一个屏幕上两条相距很近的狭缝，投射到另一个屏幕上，在那里将出现明暗相间的条纹。这种现象用光的粒子说根本无法解释。而用波的峰与峰、谷与谷、峰与谷的相长相消的道理就能很容易令人信服地讲清楚。

托马斯·杨首先将这种现象称为“光的干涉”。牛顿很早以前也曾在实验中看到过干涉现象（现在称为“牛顿环”），但他当时无法解释。

其实，光的干涉现象，在日常生活中随处可见。比如当肥皂泡吹到足够大时，就会出现五颜六色。又如在水面上漂浮的油膜足够薄时，也可见到这种干涉现象。

但是在当时，要改变人们习惯看法很不容易，倒是法国的光学专家菲涅耳（1788 年～1827 年）和阿喇戈（1786 年～1853 年）慧眼识俊杰。经他们的介绍，托马斯·杨的工作才受到重视。

此外，托马斯·杨还在 1800 年提出了“能”这一重要概念，这对物理学发展也是一项重大贡献。

# 迷人的黄昏

有一个叫冰洲的地方，那里出产一种特殊的矿石，晶莹透明，被世人称做“冰洲石”。因为它不论碎成什么样，都保持相似的长方体形状，所以也叫“方解石”。这种矿石有一特性，就是对光产生双折射。在17世纪时，荷兰人克利斯琴·惠更斯（1629年～1695年）最先认真研究过这种特性。法国的军事工程师马吕斯（1775年～1812年）从1808年起也对方解石这一特性进行了研究。日久天长，幸运降临了。在一个迷人的黄昏，马吕斯透过方解石晶片观看卢森堡宫的窗户，由于双折射应该可以看到太阳双重像，怪了，现在怎么只剩下一个，也就是说方解石的双折射特性消失了。细心的工程师捉住这一现象不放，并立即想到，这可能与晶体放置的角度或窗户反光的角度有关。他用烛光照射在水面上，然后用方解石观看，他发现在某一角度，也有双重像消失现象，他指出这是由于“光的偏振”造成的。

现在我们知道，光是一种电磁波，电磁振动的方向与电磁波的传播方向垂直。对于一个单列光波来说，其电磁振动方向是一定的，这就形成光的偏振。太阳光是一种自然光，是由各种单色光组成，其振动方向是各向皆有，因此，一般不显示出偏振现象。马吕斯的发现，启示人们通过实验手段，可以获得偏振光。

偏振光给人们提供了一种特殊的光源，在它照射下会有许多新

现象。比如说，取一块透明的玻璃片，涂以偏振材料就形成偏振片，它们只对某一振动方向的光“透明”，这个方向就叫“偏振片的光轴”。将两个偏振片作相对转动时，当两者的光轴平行时就会有光透过，而当两者光轴垂直时，就会变为不透明。据此，如果将汽车灯和驾驶室的玻璃都涂以偏振材料，且使它们的光轴平行，同时与水平成45°角，则在夜间会车时，就不致引起司机目眩，因为此时只能看到自己车灯的亮光，而看不见对面车的灯光。同理，如果规定相对的楼房玻璃都安上光轴互相垂直的偏振玻璃，则可省去窗帘。我们在立体电影院看电影时，戴上偏振光眼镜，看到的画面将是立体的，比普通银幕更加栩栩如生。这一切都始于那个迷人的黄昏马吕斯所看到的现象给人们带来的启示。

# 事与愿违的悬赏

在托马斯·杨用干涉实验支持光的波动说之后，原来相信微粒说的人，一时还接受不了，尤其是法国的几位著名数学家。为了进一步维护微粒说，巴黎科学院于1818年以“衍射”为题公开悬赏征集论文。他们满以为应征者会用微粒说巧妙地解释衍射。可是事与愿违，不得不将最佳论文奖授予另一位波动说的支持者菲涅耳。

如果不亲自实验，那么人们就会一直以为，在光照射下，圆盘的影子一定是个全暗的圆影。这也难怪，因为在日常生活中，经验确实是这样告诉我们的。可是，如果在实验室中用大小与光束相近的圆盘来遮挡光束，那么，在屏幕上将会看到圆盘阴影周围有些同心的明暗圆环，更令人费解的是圆盘影区中间竟会出现亮点。这就是光的衍射（或称绕射）现象。

菲涅耳（1788年～1827年）是法国物理学家。他在综合技术学校和桥梁道路学校学的是土木工程，物理学是他的业余爱好。这种爱好几乎占用了他全部空闲时间，可是他也得到了极大的报偿。

一开始，他对科学院的悬赏征文并不感兴趣，后来在阿喇戈的鼓励下才勇敢地应征。可能是学土本工程时掌握的数学分析能力(那时它主要应用于力学)，使得他比当医生的托马斯·杨更能以权威们所喜欢的方式来解释衍射现象。尽管在5名评委中有3人主张微粒说，1人中立，只有1人支持波动说，可是在最后评审中，评委会不得不同意将论文奖授予他。支持菲涅耳的评委之一是西蒙·丹尼斯·泊松（1781 年～1840 年），他是一位数学家，他运用菲涅耳的公式推导出圆盘衍射的一个奇怪的结论：当将小圆盘置于光束中时，在圆盘后的屏幕上的阴影的中心应当出现一个亮斑。泊松原来以为这是难以想像的，这个结论的荒谬性足以驳倒光的波动说。可是菲涅耳用精确的实验证明阴影中心果然有亮斑，使得泊松转而成为光的波动说的赞同者。

受到科学院的奖励之后，菲涅耳更全心全意地将业余时间用于光学研究，虽然他只活了 39 岁，但是却在物理光学的许多领域作出了重要贡献。

# 测量光速

物理学家们已肯定了光的传播速度是自然界速度的上限，没有比光跑得更快的东西了。这样快的速度，怎么测量呢?

在伽利略时期，人们还没有认识到光速如此之快，以为只不过比普通物体运动得快点而已。伽利略曾与助手在两个相距很远的山头之间测量光速。他让助手在发出红光的同时，开始计时，他看见红光后马上用绿灯应答，助手看见绿光后就停止计时。结果根本测

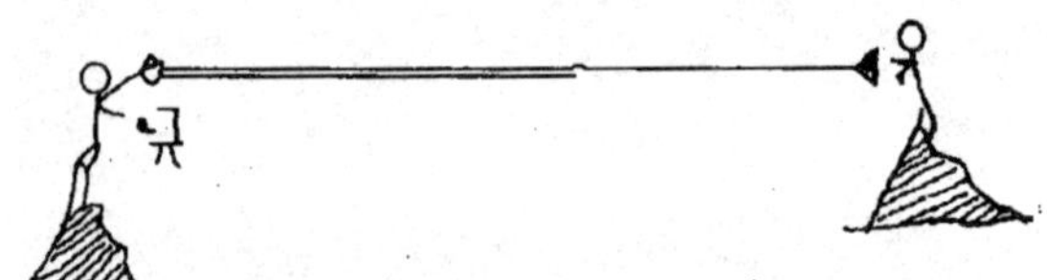

伽利略和他的助手企图测定光速

不出光速来，因为光速太快了，使人来不及反应。

后来，通过天文学观测，算出了光速接近于 30 万千米/秒。但是要知道它的精确数值，还需要在实验室测定。直到 19 世纪，人们才想出在实验室测光速的方法，虽然装置并不太复杂，但是却能巧妙地达到目的。

德国物理学家阿蒙·希波里特·路易·斐索（1819 年～1896 年）在 1849 年发明了用齿轮法测量光速。他让一束光通过转动的齿轮的缝隙，投射到远处的反射镜上，让反射回来的光再经过齿轮的缝隙。只有当齿轮达到一定转速时，才能看到通过缝隙的反射光。

这样就可以测算出光速来。

德国的另一位物理学家让·贝尔纳·里昂·缚科（1819 年～1868 年）于 1850 年用旋转平面镜的方法，也在实验室测得了光速。思路与斐索差不多，他用旋转的平面镜，将光束反射到远处的平面镜上，反射回来的光束被转动的平面镜反射到与它入射时同一方向的望远镜中，这样也能测算出光速来。

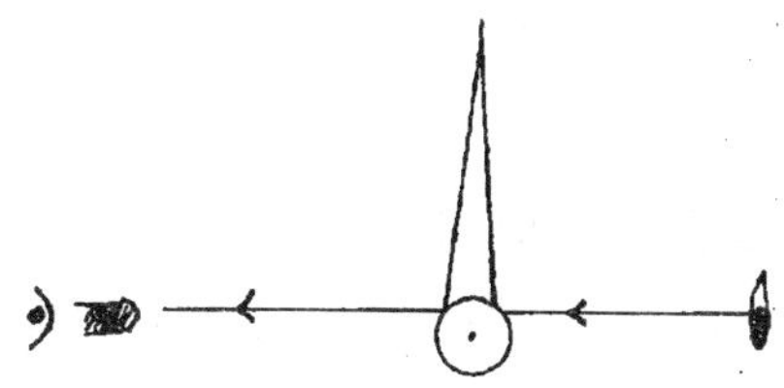

**缚科用旋转镜片测光速**

以后美国的艾伯特·亚伯拉罕·迈克尔逊（1852 年～1931 年）在 1880 年测算出较精确的光速数值。

因为光速在物理学中太重要了，所以直到现在，人们还在想方设法测量出更精确的光速。

# 永动机的故事

人类还没有掌握能量守恒与转化原理的时候，就曾经希望造出一种机器，能源源不断地提供动力，而又不消耗燃料，如俗话所说的“又要马儿跑，又要马儿不吃草”那样，这就是所谓的永动机。后来物理学证明，使能量无中生有仅是一种幻想。可是，不服气的还大有人在，永动机的设计至今不绝。

19 世纪以前，人们都是从力学原理出发设计永动机。到了 19 世纪，又增加了从电磁学和化学原理出发设计的各种永动机。有的永动机设计得很巧妙，让人一眼看不出毛病，但仔细追究起来，没有一台是真正的永动机。

现在，在钟表店的橱窗中，往往可以看到一种日夜不停地点头喝水的小鸭子，有人以为它就是一种永动机，其实似是而非。它的确不是靠发条或电池驱动，这让你一时想不到，那它为什么会“永动”？原来它是利用液体蒸发时吸收周围的热能来做功完成动作的。

这种自动点头饮水鸭的颈部有一根长管子直通到腹部，腹部与颈部又是隔开的。在鸭子腹部贮有极易蒸发的液体，如乙醚或三氯甲烷等。鸭子的嘴部有容易浸湿的绒布。

当鸭头浸在水杯里时，绒布就被浸湿，然后让鸭子立起来。随着水分的蒸发，鸭子头部变冷，头里面的蒸汽就凝缩了，压力下降；而腹部的气压随着乙醚等易蒸发液体的蒸发而变大，使腹部液体向

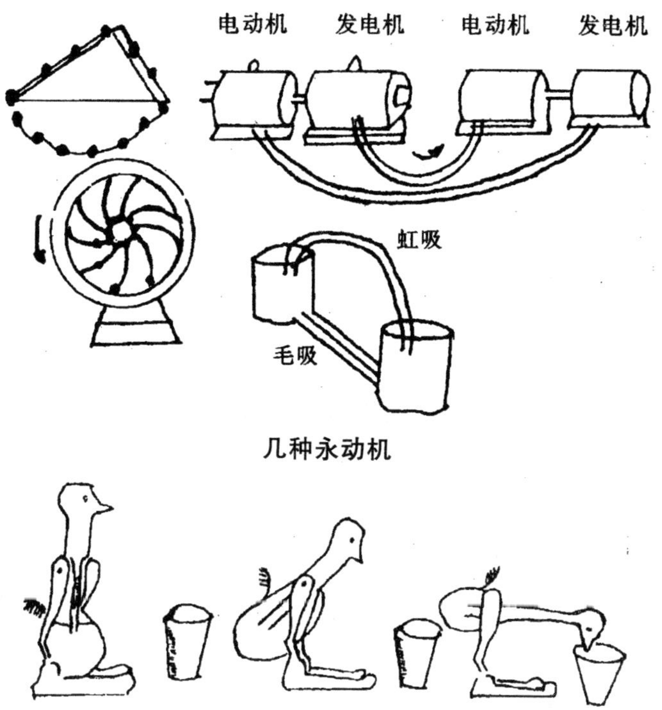

几种永动机

自动点头饮水鸭

头部上升。由于重心位置的改变，鸭子便作饮水状。此时，通向腹部的细管有一部分就离开了液面。高压蒸汽直接通向头部，将头部液体压回腹部，腹部液体多了，重心位置又发生变化，从而使鸭子立起来，这样就完成了一个循环。一个死鸭子就变得跟活鸭子似的，饮水不止，好像在那里“永动”。

对永动机设计的追求，不知浪费了多少人的宝贵光阴。早在1775年，法国科学院就决定不再受理永动机的设计方案审查。直到19世纪，热力学理论才从更深一层证明了永动机是永远不能实现的机器。

无论永动机的设计如何千变万化，归结起来只有两种类型。第一类永动机是想设计成不消耗任何能量就能永远做功，这是一种妄想使能量无中生有的机器。实际上它违背了热力学第一定律，所以根本不可能实现。第二类永动机是想设计成在没有温差的情况下，就能从某一巨大物质系统（如海水、空气）中不断吸取能量，并将其转化为机械能，但这违背了热力学第二定律，也是实现不了的。

热力学第一定律就是能量守恒定律，通俗讲，就是能量既不能无中生有，也不能化有为无。在一个系统内能量的形式可以转化，但是总能量是守恒的，第一类永动机之所以不能实现，就因为它违背了这一定律。

热力学第二定律指出，热机（利用热力的动力机）能够工作的条件是必须有两个热源保持一定的温度差，而且热总是从高温物体传到低温物体，不能作相反的传递也不带有其他的变化。这样就把设计第二类永动机的幻想给堵死了。因此可以说，19 世纪热力学的诞生也是永动机的历史在本质上的结束。

# 风马牛也相及

物理学所研究的有些现象，初看起来，似乎毫不相干，好像风马牛不相及，但是深入研究之后，就发现它们之间存在着共性，是风马牛也相及的。例如，电和磁一度被认为是两码事，后来英国科学家麦克斯韦的发现才把它们从根本上统一起来了。

19世纪，物理学还深入研究了机械、热、声、光、电等各种现象。有的现象被研究多了以后，人们自然就会想到，它们之间会有什么联系吗?

早在19世纪之初，物理学家就建立了“能”这个重要概念，后来发现这一概念能在各种运动之间建立联系，逐渐地，物理学家们发现了能量守恒定律。到了世纪的中叶，各方面条件都已成熟，于是，“大自然的宪法”——能量守恒定律在不长的时间里，居然由不同国家的不同专业的学者同时提了出来。这是科学史上比较少见的事例之一。

## 迈尔医生

尤利乌斯·罗伯特·迈尔（1814年～1878年）是一位德国医生。在1840年～1841年间，他作为随船医生参加了去爪哇的航行。

一次，当船在东爪哇停泊时，船员中流行很重的肺炎。在当时治疗这种病多半用放血疗法。他发现船员的静脉血异常的红。据当地医生说，这在热带是比较普遍的现象。作为医生他知道人的体温是靠营养物质氧化作用来维持的，而氧气是被肺吸进以后靠血液循环带到全身的。因此，他考虑在热带地方，气温较高，维持人体恒温所需要的热量较少，在血液中就会有剩余的氧，所以静脉血比在德国时异常的红。另外，他还听到海员说，在暴风雨时，海水比较热。这些使他联想到化学反应所产生的能量和机械能以及热能之间是否以守恒关系转化。为此，他从医生职业转向研究物理问题。但是，由于他的物理学知识不足，虽然写了几篇关于能量守恒的论文，尽管文中也有能量转换时的定量计算，但却未能引起物理学界的注意，有的论文还不得不自费出版。直到19世纪中叶，人们才承认他有发现能量守恒定律的优先权。

## 焦耳的热功当量

詹姆斯·普雷斯科特·焦耳（1818年～1889年）是英国物理学家。他通过著名的热功当量实验，精确地研究了能量守恒定律，在1840年的论文中发表出来。科学史上认为他是能量守恒定律的发现者之一。

焦耳测定热功当量就是为了证实多少热量与多少功相当。他曾将电磁力、蒸汽动力与马的拉力作过比较，竟然算出马可以将食物中的能量的1/4转化为拉力，也就是说马的能量转换效率比蒸汽机要高得多。

正是由于焦耳在能量守恒研究上的重大贡献，后人将他的名字作为能量的单位。

# 亥姆霍兹的研究

赫尔曼·冯·亥姆霍兹（1821 年～1894 年）是德国物理学家，担任过德国物理技术研究所所长。他从事研究的面很广，其中也包括发现了能量守恒定律。

他认为自然界是统一的。他的一部专著《论力的守恒》就讲述了能量守恒定律，他认为无论是电的、力的、热的、生理的和其他过程都应当遵守能量守恒定律，绝对不能违背。

这条定律现在已经跨出了物理学范围，成为自然界的“宪法”，成了新理论正确与否的试金石，任何违背它的新理论都是错误的。

当然，能量守恒的前提是承认能量间可以相互转换。下面表格中列举的是已经实现直接转换的实例（间接转换都是不成问题的）。你能对它加以补充吗？

**能量转换表**

| 入<br>出 | 热 | 力 | 声 | 光 | 电 | 磁 | 化 | 放 | 生 |
|---|---|---|---|---|---|---|---|---|---|
| 热 |  | 摩擦 | 吸音材料 | 太阳能 | 电炉 |  | 天然气 | 反应堆 | 体温 |
| 力 | 热机 |  | 声压 | 光压 | 电动机 | 磁石 |  |  | 肌肉 |
| 声 |  | 乐器 |  |  | 喇叭 |  |  |  | 声音 |
| 光 | 热辐射 | 火石 |  |  | 电灯 |  | 电石灯 | 荧光屏 | 萤光虫 |
| 电 | 热电耦 | 发电机 | 拾音器 | 光电池 |  | 磁带 | 电池 |  | 萤火虫 |

续表

| 入／出 | 热 | 力 | 声 | 光 | 电 | 磁 | 化 | 放 | 生 |
|---|---|---|---|---|---|---|---|---|---|
| 磁 | | | | | 电磁铁 | | | | |
| 化 | 热反应 | 搅拌 | | 照相 | 电解 | | | X光片 | 代谢 |
| 放 | | | | | | | | | |
| 生 | 皮肤感觉 | 压觉 | 触觉 | 视觉 | 电震 | | 肥料 | 理疗 | |

# 热量“死亡”的新神话

19世纪，有关利用热动力的新型发动机的研制引起工程师们的极大兴趣，他们都在努力改进热机；而物理学家们则从热学角度对此进行了理论研究，结果在不长的时间里，建立起热力学的理论，总结出几条最基本的定律。热力学第二定律有多种说法，其中一种说法是：“热不能自动地从冷的物体传到热的物体。”很像中国俗话所说：“水往低处流。”而德国物理学家鲁多夫·尤里乌斯·爱玛努儿·克劳修斯（1822年～1888年）却按同行们习惯的方式，引进一个新物理概念——熵（音商），来表述热力学第二定律。我们知道，能量愈大，从这种能量形式转化成其他能量形式的能力就愈大；而熵却正相反，它表示丧失这种转化能力的程度，熵越大，能量形式间转化的能力就越小。而自然界里一切发生在一个孤立系统中的过程，总是沿着熵不减小的方向进行着，这样，热力学第二定律就可以简洁地说成是“熵增加原理”。

熵增加原理揭示出自然过程的发展方向。能量形式虽然可以按守恒定律转化，但是却存在着一定的限制。比如说，机械能可以完全转化为热能，而热能却不可能自动地完全转化为机械能。

熵增加原理是一条真理。但提出这一真理的克劳修斯，却对它层层加码，终于引出谬误。他认为既然熵是增加的，那么，“宇宙的熵就会趋于一个极大值”。到那时，“就不会出现进一步的变化了，宇宙就将永远处于一种惰性的死寂状态”。这就是科学史上所谓的“热寂说”。

熵增加原理是以地球上做的实验为依据提出来的，贸然将它推广到宇宙范围，是不恰当的，而且这种没有真凭实据的说法，还会被宗教的“世界末日”之说所利用。

# “麦克斯韦妖”

这里要讲的是一个科学神话，它与“热寂说”的神话不同，它的意义是积极的。

詹姆斯·克拉克·麦克斯韦（1831 年～1879 年）不但对电磁学作出巨大贡献，而且对气体分子运动论也有开创性研究。这种理论假设大量分子在作无规则的热运动，它们的速度是千差万别的，但从总体上看，还是有一个分布规律的。

热力学第二定律指出了事物的自发过程的方向性和限度。也就是说，在一个孤立系统中，一切自发过程总的趋向是由不平衡走向平衡。物理学家们对这条定律有各种等价的说法，对一般人来说它们往往不太好懂。麦克斯韦与众不同，他有一次很幽默地用一个形象生动的神话来说明它。

“麦克斯韦妖”

他假设有一个盒子（代表孤立系统），中间有一块隔板将盒子分成两部分。大量气体分子在盒子中运动，它们的运动速度有快有慢。在隔板中间有一个只允许一个分子通过的关口，由一个小妖精在把关。它每见有运动快的分子过来，就让它通过；运动慢的分子过来，就给它尝闭门羹，不让通过。久而久之，就会形成盒子的一半是运动快的分子，另一半是运动慢的分子。也就是说，在小妖精的控制下，分子的运动从不规则转向规则的运动，出现了与热力学第二定律相矛盾的情况。但是，麦克斯韦指出，能够分清分子运动快慢的小妖精，它自己的大小必然与分子差不多。这样，它的动作也不可能有确定性，所以想像中的情况是不会出现的。这样，他采用了反证法，形象地说明了热力学第二定律，后来人们将这里提到的小妖精就称为“麦克斯韦妖”。

# 青蛙的奉献

青蛙是有益的两栖类动物，因为它能吃掉许多农业害虫和水中蚊子的幼虫。青蛙的鸣叫声，还给文学家增添了美的意境。可是青蛙也很不幸，常被科学家选为解剖的对象，为生物学和医学作出了奉献。我们要讲的故事，就是有关青蛙对人类所作的最大的奉献。

有关静电的一些现象，在18世纪已经有了初步研究，还发明了起电机和莱顿瓶（一种蓄电电器）。但是，科学家手中尚无一种稳恒的电源，无法做更多的实验。

1780年秋天，意大利的动物学家阿罗索·鲁基·伽伐尼（1737年～1798年）在解剖青蛙的时候，将蛙腿放在铁制的阳台栏杆上。正好他的妻子用小刀碰了一下蛙腿，而此时他的助手正在摇动起电机放电。他妻子看到死蛙的腿居然抽搐了一下。此事引起伽伐尼的兴趣，他重复做了许多观察试验，将剥了皮的蛙腿用铜线悬挂起来，然后用铁丝连接蛙腿接触地面，他看到此时蛙腿也产生抽搐。作为一位动物学家，他是相信有“动物电”存在的。在他看来，铁丝只不过是将动物电引出来而已。在1791年，伽伐尼将他的观察结果公布的时候，一度引起欧洲学者们广泛注意。很多人重复了他的实验，而且对实验结果也作出各种解释。

后来，意大利的物理学家亚历山德罗·伏打（1745年～1827年）也重复做伽伐尼的实验，证明了蛙腿的抽搐并不是因为有动物电，而是当两种不同金属相接触时，都会产生电势差，只要接成回路，就会有微弱电流。与动物学家伽伐尼不同，物理学家伏打通过研究，把各种金属排成顺序，它们中任意两种相接触都会产生电势差，在顺序上相隔越远的两种金属，接触时产生的电势差就越大。

1798 年，伏打取两种不同金属片，在它们之间夹着浸过盐水的布片，再将多组这样的“三明治”堆起来，就制成最早的电池，叫“伏打电堆”。有了电堆，就有了随时可用的可控电源，这对加快电学研究步伐是非常重要的。为了纪念伏打，人们将电压单位命名为“伏”。

由于伽伐尼首先观察到接触电效应，因此，尽管他是动物学家，在物理学中也只有此项发现，可是在英语词汇中，许多与电有关的早期名词却冠以“Galvan —”字头，例如 galvanism（电流学）、galvanometer（电流计）、galvanography（电铸制版）。

伏打发明的电堆，立即引起科学界与社会上的兴趣。在 1801 年的一次法国科学院举办的演讲会上，连拿破仑都参加了听讲。这位法国皇帝在伏打演示完电堆之后，特意上台祝贺，说：“天才揭开了伟大的大自然的神秘帷幕，天才是很少的！我们给天才的赞扬不够，应该给他们勋章。今天，我给天才的发明家，帕维亚大学的教授亚历山德罗·伏打先生提供 20 万法郎的基金，以便他从事组织电学方面的新的更大的发明。”从这个小插曲，我们可以感觉出 19 世纪人们对科学发现的态度。

# 当电流流过的时候

当水流过的时候，如果它是清泉形成的小溪，我们会看到涓涓溪流抚摸着岸边；如果它是汇聚了万水的江河，我们看到的则是一泻千里的浩荡雄姿。而当电流流过的时候，那又将是怎样的情景呢？

19 世纪以前，人们只看到静电产生的一些现象，还不能实现电的流动。有了电堆（电池）之后，让电流动起来只需要用导线接成闭合回路就可以了，而且电堆所提供的电流，远远大于起电机提供的电流。

19 世纪之初，伏打发明电堆以后，只要堆足够高，就可以产生很高的电压，而且发出的功率比起电机要大 10000 倍以上。

在当时，人们已经知道通过几种不同方式获得电，例如摩擦所生的电、天上的闪电、电堆产生的电。这些电都是同样的电吗？人们一时还很难判断。

长期以来，人们都以为电和磁是截然不同的两种自然现象。有了电堆，人们就试着看这两种现象究竟有无联系。物理学家们最初猜测，两者有联系的话，就是相互作用力。因此，他们总是将磁针摆放在垂直于导线的位置上去试探。

丹麦物理学家汉斯·克里斯琴·奥斯特（1777 年～1851 年）起初也是与别人一样做试验，没得出什么结果。他前后用了十几年来研究通电直导线的物理效应，终于在 1820 年 4 月的一天晚上，他在讲课结束时，违背教材的内容向听众说："让我把导线与磁针平行放置来试试看。"出乎意外地他看到小磁针居然微微地跳动了一下。抓住这一自然信息，奥斯特在课后又继续做了许多次实验，或改变导线的材质，或改变磁针的位置，或在两者之间隔以不同介质。1820年7月21日，他宣布了自己的发现，成为第一位看到电流流过导线时产生磁现象的人。

奥斯特的发现轰动了整个欧洲的物理学界，结束了人们将电与磁分开研究的历史，电磁学这门物理学的重要分支学科终于诞生了。

更使人耳目一新的是：以前所知道的自然力，包括电与电、磁与磁之间的作用力，都是沿着物体之间的联线方向；而电与磁之间的作用力却是一种横向力，在通电导线周围产生的磁力的方向是与导线垂直的。这样，才能使平行于导线放置的磁针发生偏转，人们发现了一种新的作用力。

# 欧姆定律的发现

欧姆定律是电学中非常基本的定律，它给出了电学中三个基本量——电压、电流、电阻之间的比例关系。它是德国物理学家格奥格·西蒙·欧姆（1787 年～1854 年）发现的。欧姆是一位天才的科学家，但是，他的生活却很长时间陷于困境。他大学肄业后，一直担任中学教师和家庭教师，在缺少资料和仪器的情况下，坚持科学研究。虽然后来他发现了重要的电学定律，却未能引起德国科学界的重视，反倒是英国皇家学会最先承认他的科研成果。欧姆总结出这一定律时，已经是 40 多岁的人了。

他的发现，起初不但没有受到盛大欢迎，而且还受到一些教授们的低毁。他们认为欧姆不过是一名中学教师，他这个结论纯属编造。可是，园内开花园外香，欧姆的工作，在俄国和英国逐渐被理解。

有一天，欧姆接到英国皇家学会吸收他为外国会员的通知，立刻激动地跑到火车站，看他已经看过许多次的最新式蒸汽机车，多么漂亮的科技成果啊！当他看到上面有块牌子写着“斯蒂芬森造于纽卡斯”时，就想为什么自己的发现，在祖国得不到承认呢？

直到 1852 年，欧姆都 65 岁了，才当上正式教授。

当人们对电现象感兴趣，又实现了电的流动的时候，欧姆发现了这一形式简单却用途极大的定律，立即推动了电路的研究。欧姆在研究中还创立了好几个电学的新概念，如电导率、电动势、电压降等等，至今仍在沿用，用得最多的是以他的名字命名的电阻的单位——欧姆。

# 电学中的牛顿

牛顿是经典力学的奠基人，世界史上数一数二的大科学家。他的贡献在物理学史和科技史上都是划时代的。因此用牛顿的名字来比喻一位物理学家，实在是比授予诺贝尔奖更让人敬羡。更何况这个评价出自电磁学理论的奠基人麦克斯韦之口！

这位“电学中的牛顿”就是法国物理学家安德烈·马里·安培（1775年～1836年）。

安培没有进过正式的公立学校，完全是通过自学而获得知识。从孩童时代，他就显露出非凡的才智，有惊人的记忆力和数学天赋。

成年后，安培先是对纯数学感兴趣，后来转向化学。在1820年～1827年间，也就是奥斯特发表了电流的磁效应论文之后，他又转向电磁学。总之，他对数理化都进行过研究。他的兴趣广泛得令人惊异。更有甚者，他当过数学、哲学、天文学、物理学教授。

据说，安培也出现过类似牛顿所闹的那样的笑话。有一次他在讲课时，用手帕去擦黑板，接着又用来擦脸。还有一次，他走在路上，忽然想起一个计算问题，正好前面有块木板，他就在上面演算。当他得出结果正感到满意时，木板竟然动了起来。原来他把人家马车后面的木板当作黑板了。

安培得知奥斯特的实验后，第二天就开始做实验。好心的多米尼克·弗兰索瓦·让·阿喇戈去他家拜访，总是没人开门。有时晚

安德烈·马里·安培

上屋里明明是亮着灯，但就是没人开门。7天以后，阿喇戈终于见到了安培。阿喇戈猜到他是在关门做实验，便说："泡了7天，不会没有收获吧？"于是两人讨论起奥斯特的最新发现，安培同时把他的实验演示给阿喇戈看。安培把奥斯特的通电导线改成螺线管（就是用导线绕成圆筒状）。通电后，螺线管尽管是由非磁性的铜线绕成，却表现出与条形磁铁同样的特性。阿喇戈也是位思想敏锐的物理学家，他马上拿一把铁锉放在螺线管里，铁锉便也具有磁性。当切断电流时，磁性随之消失。阿喇戈欢呼起来："人造磁铁，电磁铁！"

安培实际上是发明了可控制强度的磁体。今天的任何电子仪器几乎都离不开线圈，可见安培创造线圈的高明。

安培还做了有名的通电平行直导线间作用力的实验，在通以同方向或反方向电流时，观测其作用力。

安培还用各种形状的通电导线来测试它们对磁针的作用力，以及它们相互间作用力。在大量数据的基础上，安培提出了电现象的物理模型，然后进行数学计算。安培的数学非常好，在经过一番努力之后，他得出了著名的安培公式。

安培对电学的贡献是多方面的，而且是奠基性的，他无愧于人们尊以“电学中的牛顿”这一称呼。今天，我们在任何一件电器的标牌上都可以看到他名字的第一个大写字母 A，那是人们用电流的单位来纪念他，中文读做“安”。

# 从装订工到物理学家

这里要讲的是迈克尔·法拉第（1791 年～1867 年）的故事。他对电学的贡献巨大，以致被后人尊为“电学之父”。

法拉第小时候家境比较贫寒，没有受到良好的教育，13 岁时，就给人家当装订工。经过他手的书籍，都是有阅读和保留价值的。老板也允许他在空闲时阅览一些书籍，他从中学到了不少知识。

## 幸遇伯乐

人的一生中，机遇是个不可忽视的因素。法拉第能够接近著名化学家戴维，就是一个难得的机遇。

有一次，法拉第听说戴维要在皇家学院演讲，就想方设法去聆听。每次听演讲，他都认真地做笔记，回来后，还尽可能地做些实验。过了些日子，他大胆地将自己精心整理的笔记寄给了戴维。不久他就收到这位大科学家约他一谈的便条。经过面谈，戴维决定向皇家学院推荐法拉第。几个月后，法拉第便获得给戴维当实验助手的工作。由于法拉第工作努力，受到戴维的喜欢。1813 年，戴维夫妇要去欧洲大陆游历，便带着法拉第同行。这次游历持续了 18 个月，法拉第大开眼界，见到好几位著名学者。

迈克尔·法拉第

在当助手期间，法拉第的研究工作只能服从戴维的课题，主要是从事化学方面的研究。他取得了不少成果。有人说，法拉第仅在化学方面的贡献就可获专家称号。

对电学的研究则是法拉第自选的方向，也是他独立完成的。正如俗话所说："师父领进门，修行在个人。"晚年的戴维曾说："我最大的贡献是发现了法拉第。"

## 从磁产生电

在奥斯特发现电流可以产生磁效应之后，人们自然会想：反过来，磁是不是也可以产生电呢？从事这方面实验的科学家不少，包括安培那样的物理学家。不过，安培起初是从静电感应得到启发的：既然静电荷可以感生出静电荷，那么流动电荷也应当能感生出流动电荷来。由于电流周围有磁场，因此这也可以看作磁是否能产生电的问题。可是，他的实验都没有成功。

法拉第在一段时期内，全力以赴地要使磁产生电，终于发现了电磁感应定律。由于他在电学方面的诸多贡献，后人尊奉他为"电学之父”，电容的单位就是以他的姓命名的。

## 勤奋出智慧

勤奋出智慧这个道理在法拉第身上体现得特别突出。仅他的科学日记就有 7 卷之多，记载了 1 万多条有关实验的情况，涉及物理、化学的各个方面。

与他同时代的法国作家大仲马曾说：“我不知道是否会有一个科学家，能够像法拉第那样遗留下许多令人惬意的成就，当作赠与后辈的遗产而不自满。”

## 让磁针转起来

在法拉第的众多发现发明中，有一项意义特别重大，那就是他设计的电动机的雏型。

法拉第对奥斯特的电生磁实验非常感兴趣。他用烧杯盛水银，将弯曲导线一端通过软木塞插在水银里，另一端接上电源，水银接电源的另一极。这样在导线有电流流过时，在导线弯曲处来回抽动磁棒，导线就会旋转。同理，他也试过让导线不动，让小磁针绕导线转动。这种演示装置就是电动机的雏型。可是，因为技术上的困难，后来却是先发明发电机，再发明出电动机。

## “啊，电流！”

当你认真做一件事情，一旦成功，就会情不自禁地欢呼起来。科学家也是这样，阿基米德曾高呼着“欧里卡”（我找到了）从澡盆里跳出来；法拉第一声“啊，电流！”给我们带来了电的世纪。

1831年秋天，法拉第的电学实验进入了关键时候，他已经知道电流可以产生磁效应，那么，磁能否产生电流呢？如果让一个绕在铁环上一侧的线圈通电流，所产生的磁必然经过铁环影响绕在铁环的另一侧的另一个线圈。如果磁能产生电流，那么在另一个线圈中一定也会产生电流。在这种实验装置上，他已经更换过好几种线圈，而且不断增大通入的电流，可是接在另一线圈上的电流计的指针都不摆动。要是换了别人，也许就会认为不可能感生电流，就此作罢了。可是，坚韧不拔的法拉第并不如此，他反省自己的实验，忽然想到，每次实验都是合闸后，再去看电流计，这次索性将电流计放在眼前，而不先去合闸。一切准备就绪，就在他合闸的一瞬间，电流计指针出现了微小摆动。一种实验物理学家特有的敏感性，使他一下子抓住了自然信息。“啊，电流！”他内心是多么激动啊！他终于发现了磁能生电。

此后法拉第改变各种条件，看它们对实验结果的影响，最后归纳出：只要线圈中通过的磁场有变化，就会同时感生出电流，这就是电磁感应定律。

法拉第还扩大他的战果，力图对定律给予理论解释。在这个过程中，他作出了比发现电磁感应定律更重大的贡献，那就是提出了“场”的概念。

法拉第还设计过发电机的雏型。那是在一个除夕之夜，他给大家表演了一个特殊节目。他将一个带轴的圆铜盘垂直地固定在支架上，再用一个马蹄形磁铁水平地夹在铜盘上下侧。铜盘的轴上引出一根导线，盘边上与另一导线滑动接触，两根导线接电流计。整个装置有意装璜得很漂亮。

他用摇柄快速地转动圆盘，只见电流计指针随着摆动。显然，铜盘在磁极间转动也能感生电流。一位贵妇人用轻蔑的口吻问法拉第："先生，你发明的这玩意儿有什么用呢?"法拉第有礼貌但也有几分轻蔑地回答："夫人，新生的婴儿又有什么用呢?"它实际是发电机的雏型。

法拉第不只是发现了电磁感应定律，而且还利用电磁感应现象，设计了发电机和电动机的雏型。

# 场之谜

随着科学的日益发达和分支学科体系的形成，科学家们为了交流和表述成果，逐渐建立起本学科的专业语言。物理学的专业语言中，有些字虽然是借助于已有的生活用字，但赋予它的含义却非常丰富和深刻，以致于围绕着一个单词所表示的物理概念，都有一段曲折的发展史，像力、功、能、势等等。下面要讲的是场的故事。

场这个字的中文含义是指场所、场地等平坦的空地，在英文里是指野外、领域等等。那么，它在物理学中的含义是什么呢?

在18世纪，力学由于有一批法国数学家参与研究，而形成了在数学上无懈可击的严密体系。可是在法拉第发现电磁感应之后，电磁学再用力学的处理方法，已经出现困难。建立电磁学自己的理论体系的重任就落在法拉第的肩上。

法拉第的数学知识薄弱，这就逼得他另辟蹊径，以其独特的方式去解决面临的问题，想不到有时弱点也能转化成优点。法拉第没有使自己陷入深奥的数学演算之中，而是直观地、形象地提出了电磁学的场模型。正像麦克斯韦所评述的那样，法拉第提出的场的概念，对于这门正在形成中的学科，或许倒是更为适合、更为有益的。

在法拉第以前，许多物理学家都相信超距作用，就是说力的传递既不需要媒质也不需要时间。法拉第在思想上没有这种传统的包袱，他尊重自己观察到的实验事实，从中领悟到，传递电力和磁力是需要时间和媒质的。他认为带电体和磁体周围分别存在着电场和磁场，电和磁就是分别通过电场和磁场来传递的。

法拉第通过观察在磁铁作用下铁粉的分布形状，提出了力线这一概念，他也推演出电场的力线分布，而且指出电场和磁场中力线分布的差异，他认为力线密处场就强，力线稀处场就弱，并进而指出，若是线圈包围的磁力线数目发生变化，就会感生出电流。

场概念的提出，克服了电磁学发展初期的理论上的迷惑。后经麦克斯韦进一步用数学语言来描述，场概念站稳了重要地位，并加速了电磁学的发展步伐。

在 19 世纪中期，场概念还只是在电磁学中初露头角，到了 20 世纪，它在物理学中就大展鸿图了。

一个重要的又是崭新的概念的提出，在当初确是一时难以接受，场之谜是 19 世纪科学史上重大事件之一。

# 聪明的“笨伯”

在19世纪，麦克斯韦（1831年～1879年）将电与磁统一起来，进而证明光也是一种电磁波。麦克斯韦对物理学的贡献是划时代的，现代物理学家赛格雷称赞他是“一贯正确的人”。

1831年，法拉第发现了电磁感应定律，同年还诞生了日后建立电磁理论的麦克斯韦，这两位电学大师相差40岁。

麦克斯韦出生于英国的诗书世家，童年是在爱丁堡附近他父亲的庄园里度过的。小时候，父母非常宠爱他。少年麦克斯韦对周围的一切事物都怀有极大兴趣，总是要问为什么。

他父亲是位兴趣广泛、思想开通，非常能干的人，这对麦克斯韦的成长影响很大，父亲常领他去听科学讲座，从小就培养他对科学的爱好。

在麦克斯韦8岁的时候，母亲不幸去世，他与父亲更是相依为命，父亲将全部心血都倾注于他的身上。

可能是因为他与父亲感情至深，形影不离，所以与外界交往不多。又因为他小时候体质瘦弱，再加上失去母爱，他的性格渐渐变得内向。这样，进入中学以后，在班上不免受到冷遇。此外，麦克斯韦说话时浓重的乡音和父亲为儿子别出心裁设计的服装，都招来同学们的嘲笑。小麦克斯韦便成了班上的“笨伯”。

可是，到了中年级的时候，这位同学们眼中的“笨伯”一下子

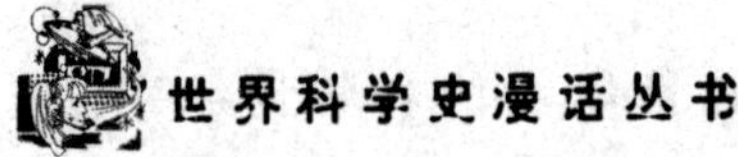


显露出他的才华。在一次学校举行的数学和诗歌竞赛上，待评比揭晓的时候，一文一理的榜首，都为麦克斯韦所独占。这“丑小鸭”原来是只“白天鹅”。

麦克斯韦的第一篇论文是关于数学方面的，是他还不满 15 岁时发表在《爱丁堡皇家学会会报》上的。当宣读论文时，考虑到作者还是个孩子，只得由一位教授代劳了。

麦克斯韦在剑桥大学攻读的是数学，他不是死读书，也不太追求系统性，完全凭着自己的爱好，有时深入钻研，有时又漫无边际地浏览。

他学习数学，不是沿着抽象的路走，而是把数学作为求知的工具，尽量与解决物理问题相结合。他毕业后读到了法拉第关于电磁感应的文章，马上就被吸引住了，他决心将法拉第的发现加以数学表述，将它提高到理论水平，后来果然完成了电磁统一的大业。

卡文迪许实验室是世界上著名的物理实验室，被称为“诺贝尔奖获得者的摇蓝”。它有此殊荣，是与它的第一任主任麦克斯韦的学风分不开的。麦克斯韦不但是一位数学家、物理学家，还是一位精明的管理人才。

1879 年 11 月 5 日，癌症夺走了麦克斯韦的生命，使这位英才中年早逝。可是，他已有的贡献就足以称得上是物理学的里程碑。麦克斯韦被后人誉为“牛顿以后世界上最伟大的数学物理学家”。

# 麦氏方程组

麦克斯韦潜心钻研法拉第的著作，特别是用力线来描述电磁场的新物理思想。他决心弥补法拉第之不足，用数学来表述法拉第的文字描述。在此过程中，他得到法拉第和汤姆逊的帮助，在1855年～1865年这10年间发表了3篇划时代的论文，为电磁理论奠定了基础。其中最重要的是今日所谓的麦氏方程组，它和力学中的牛顿定律一样重要。

这个方程组不但概括了奥斯特、安培和法拉第等人的发现，从数量上给出电生磁、磁生电的关系，而且还预示了电磁波的存在，表明光实际上也是一种电磁波。

这个方程组，不但具有科学的正确性，而且体现出一种特有的

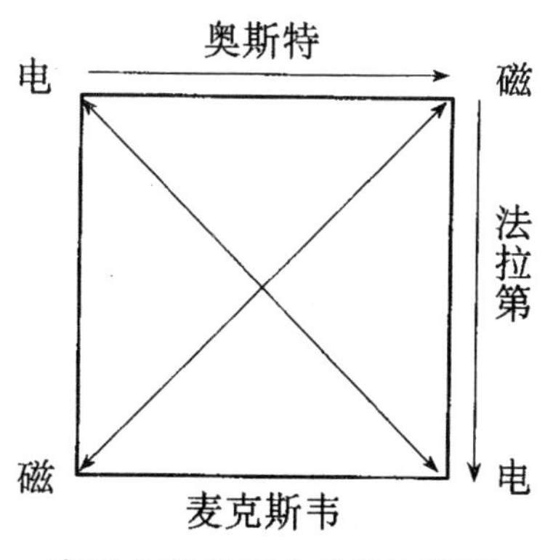


麦氏方程的历史地位示意图

科学美，使了解它的人，无不通过它赞叹自然界的和谐和统一。它对后来物理学家的研究工作，具有极大的影响。十多年后，赫兹(1857 年～1894 年）就以此发明了电磁波的发送和接收装置。

麦克斯韦方程组的功绩，我们可以用上图示意说明：对角线表示静电与静磁关系，这在 18 世纪已经作了研究；而奥斯特和法拉第只完成了图中的一部分关系的研究，只有麦克斯韦才完成了完整的电磁理论。

# 小小悬线立大功

物理学家们常常借助于仪器感知别人感受不到的东西，在电放大装置发明之前，他们只能凭借机械和光学的方法来实现放大，18世纪发明的扭秤就是将机械和光学方法相结合的巧妙的放大装置。它的主体部分是一根悬线，下面吊着带有两臂的重物和一个小平面镜。通过它可以将微小扭动加以放大后进行测量。卡文迪许曾用它来测得引力常数，库仑（1736年～1806年）用它测得电荷之间的作用力。

到了19世纪，扭秤仍然是物理学家非常喜欢使用的一种仪器，只不过在用于电和磁的研究时，悬线下面改吊一枚磁针，欧姆（1787年～1854年）就是用改装后的扭秤测得电磁力的大小，总结

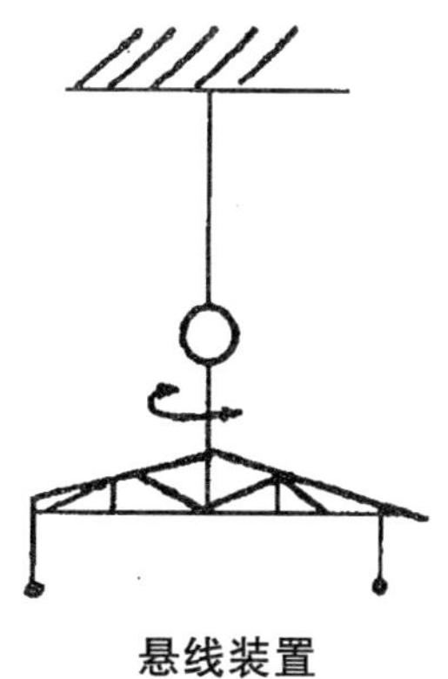

悬线装置

出欧姆定律的。

著名的卡文迪许实验室里的科学家们尤其重视用扭秤来做实验，以致有“悬线派实验物理学家”之称。悬线是用石英丝拉制而成的(因为它受环境影响变形较小)。为了得到一根均匀的理想石英丝，物理学家们往往趴在黑天鹅绒地毯上仔细地挑选。早期的电流计也是采用以石英丝为悬线的结构。小小的悬线为科学的发展立下了大功。将悬线作为扭秤的部件使用，就得知道悬线的扭转角与扭力的关系，还得掌握拔制石英丝的技术（石英熔点高，而且又非常脆）。在使用这类有悬线的仪器时，还要配以望远镜。为避免空气流动的影响，扭秤还要放在玻璃罩里，甚至要置于密闭的室内，通过墙上的孔，用望远镜来观测。

直到今天，这种附有悬线结构的仪器，仍然会在实验室中经常遇到。

# 向低温进军

有些物理现象只有在极端条件下才能显现出来。因此，低温条件下会有哪些物理现象也受到了物理学家的重视。

从 18 世纪末到 19 世纪初，物理学家已经实现了少数气体的液化。1823 年，法拉第将加热后能分解出特定气体的物质封在玻璃管内，管子的一端浸在冰水混合物中。当加热玻璃管的一端时，便产生气体，因为玻璃管是密封的，所以管内的压力必然增大。于是，气体在浸入冰水的那一端呈现出液态。他用这种方法液化了硫化氢、乙炔和二氧化硫等气体。

到了 1845 年，除氢、氧、氮以外的当时已知的气体都可以液化了。尚有几种难以液化的气体一度被称为“永久气体”。后来发现，它们也是可以液化的，只不过是液化的临界温度更低而已。

物理学家在研究热机理论时就想到，如果将其倒过来工作，那就是致冷机了，这种“倒行逆施”是物理学家常用的方法。

1877 年，法国科学家实现了氧的液化。英国人于 1898 年实现了氢的液化。到 19 世纪末，在实验室已可得到－259℃的低温。此后，低温和真空的获得已经成为实验室的专门技术，物理学家利用这种技术所提供的极端条件开展了有关的研究，比如在超低温下发现了金属会变得没有电阻——超导现象。

低温不仅作为研究手段引人注意，而且在理论上也吸引科学家为之奋斗。温度到底低到什么程度就不能再低了呢？从理论上已经预言绝对零度就是温度的下限，就像预言真空中光速是速度的上限一样，一直鼓舞着人们向这个极限进军。

# 阴极射线探秘

阴极射线在19世纪60年代～70年代已被科学家观察到，但是，对它的本质却出现两派争论。一派主张它是一种以太波，一派主张它是带电的粒子。后来，对争论做出正确实验判断的是英国物理学家约瑟夫·约翰·汤姆逊（1856年～1940年）。他在卡文迪许实验室工作时，那里拥有一批优秀的物理学家，并且有良好的仪器设备。从1890年起，汤姆逊自己动手设计仪器，带领学生做了各种考察阴极射线的实验。通过实验，他在1897年的论文中指出，阴极射线的粒子要比分子小，因为它能穿透金属。

1899年，汤姆逊采用“电子”一词作为阴极射线粒子的名称。这个词原来是斯托尼1891年建议用来命名电的单位的，这也标志着发现了电子。汤姆逊还测得电子的质量和所带电荷的比值，而且知道它是带负电的，电子的质量还不到原子的1‰，这就说明原子中还有比原子更小的粒子单独存在，从而证明了原子是可以再分的。

# 真空是物理发现的好帮手

物理学家将目光转向原子、分子或比原子更小的粒子的时候提出设想，如果能使气体变稀薄，减少分子的密度，从而减少它们之间的相互作用，那么，研究就变得非常方便了。真空技术就能达到这个目的，因而成为物理发现的好帮手。

我国人民在北宋时期就发明了水泵，在四川曾用它从盐井里汲取卤水来熬盐。可惜由于没有科学上的进一步需要，一直没有制造出抽气的机器（因为冶金的需要，却发明了送气的机器——风箱）。在欧洲，一位热爱科学的马德堡市市长为了研究大气压力最先发明了抽气机。

19世纪，机械式真空泵已经在实验室中应用，它给物理学研究创造了又一个非常规的实验条件，因而吸引了许多物理学家从事真空方面的试验。法拉第就曾在抽空的玻璃管中的两个电极间观察到所谓的“法拉第暗区”。以后，德国物理学家尤利乌斯·普吕克尔（1801年～1868年）利用他与海恩利希·盖斯勒（1814年～1879年）发明的水银扩散泵，使玻璃管中的真空度比利用机械泵的更高，因而可以很好地研究真空条件下的放电现象。他看到正对着阴极的玻璃管壁会被激发出绿色的荧光，并且可以用磁铁来改变这种荧光的位置。此后，有人发现，若在阴极和管壁之间放置各种形状的物体，就会在管壁上出现这些物体的阴影。德国物理学家戈德斯坦认为，从玻璃管壁上看到的荧光现象是从阴极发出的射线造成的。1876年，他将这种射线称为“阴极射线”。这种射线就是电子射束。因此，可以用磁铁来改变阴极射线的投射方向，这样也就改变了管壁上荧光位置。

还有一些实验移到真空条件下来做，一是可以减少空气阻力，二是可以减少空气流动的干扰，从而提高实验的精确度。比如在真空玻璃管中放置一个一半涂着黑色的叶轮，让光照射到叶轮上，便可以看到叶轮转动，这就证明了光是有压力的。

真空技术也促使爱迪生发明了白炽灯泡。直到今天，任何先进的电光源，都离不开真空技术。后来人类发明了一系列用于无线电技术的各类真空电子管，使20世纪步入了电子时代。

在真空条件下，还可以实现以前办不到的制造工艺，比如在真空条件下为光学元件镀膜，就大大促进了光学仪器的发展。

直至现在，最新的科学领域里，仍可以见到真空技术在起作用，比如半导体材料的制造、集成电路的生产和激光技术等等。因此可以说，真空技术真是物理发现的好帮手。

# 19 世纪末的物理大发现

19 世纪，物理学家们度过了令人兴奋的 100 年。这 100 年里，物理学所取得的成就胜过以往数百年的成就总和。电磁学、热力学和统计力学都是在 19 世纪建立起来的，就连古老的光学也重新焕发出青春。至于以新的物理知识为基础而发展起来的新技术，给人们带来的实际好处，更是前几个世纪所无法想像的。

19 世纪取得的丰硕的科学成果，只是 20 世纪初一场物理学革命的前夜。19 世纪末的物理学几大发现，就是这场革命的序幕。

从 1895 年开始，每年都有重大物理发现，其中：

1895 年　　发现 X 射线

1896 年　　发现放射性

1897 年　　发现电子

人们将以上的发现称为 19 世纪末的三大发现。

正如英国物理学家洛奇说的，那时物理学“每月、每周，甚至几乎每天都在进步”。

三大发现有力地冲击了原子不可分、质量不可变的传统观念，动摇了经典物理学的基础。

# 自豪是允许的，但不能自满

这是X射线的发现者伦琴的一句名言，被雕刻在德国柏林的波茨坦桥上的伦琴雕像上。这句话也是伦琴一生的写照。

伦琴（1845年～1923年）发现X射线时，已是德国维尔茨堡大学校长，已经50岁了。他除了履行校长职务外，把身心都投入到物理学研究。他亲自动手制作实验设备，潜心阅读科学文献，及时掌握科学动态。在工作最紧张时，他就吃住在实验室。

在伦琴发现X射线之前，一股研究真空放电的热潮已在物理学家中兴起。有好几位物理学家已经接近于发现这种射线，却都因为他们心有成见而错过机会。有人甚至在X射线使他的感光片感光时，还以为是感光片有毛病而去工厂退货。

1895年11月8日夜晚，伦琴走进自己的实验室，紧闭房门，安下心来做实验。他原打算重复前人做过的阴极射线实验。可是，让他奇怪的是，旁边的氰化铂钡荧光屏上，居然出现微弱的蓝白色的光。他知道阴极射线是不能透过玻璃管壁的。为了确证，他用黑纸将放电管包上，可是氰化铂钡荧光屏依然发光。他试着用手头所有的东西去遮住这种射线，只有铅板可以阻断这种射线，其他东西都被它穿透，最令他惊异的是，当他用手掌试着去阻挡这种神秘的射线时，在屏上却看到了只剩下骨骼的手掌模糊影像。

伦琴再也抑制不住内心的激动，他断定一定有种新的射线被他发现了。当晚，他默默地回到家中。科学家的慎重素养使他不能贸然发表他的最新研究成果，他还需要认真地检验新射线的特点。

那以后，他索性将床搬进了实验室，一日三餐都由夫人送来。这样一直工作了几十天，他的夫人为他这样废寝忘食地工作担心。有一天，她实在忍不住了，便去实验室看看伦琴究竟在做什么。这时，伦琴已经胸有成竹了，就让夫人将手放在底片上，用未知的射线来照射，冲洗后就是人手的第一张X光片。伦琴在上面写下“1895年12月22日”几个字。

由于伦琴还不清楚未知射线的本质，因此命名它为X射线（在代数里，X一般是用来代表未知数）。1895年12月28日，伦琴将自己的论文送交了维尔茨堡物理学医学协会会长。在1896年元旦，伦琴送给人们的新年礼物——发现X射线的消息便在报纸上以特大新闻印出。很短时间里，他的发现便在世界范围内引起强烈反响。

与此同时，夸大X射线穿透力的说法也随之在无知者中流传开来，使某些人产生恐怖之感。有人说，从此世界上没有秘密了。有人甚至在钱包里放上铁片做的假钱以代替金币。更有甚者，竟然兜售防X射线的内衣，大受女士们欢迎。

真正了解X射线作用的当然是物理学家们。1901年，诺贝尔奖设立后第一个物理奖就授予伦琴，他当之无愧地接受了奖金，并将奖金捐给了维尔茨堡大学。

伦琴为人正直，而且不为金钱所惑。在发现X射线之后，有的公司找他合作，都被一一拒绝了。他表示：我不是发明了X射线，仅仅是发现了它，因此，它是全人类的东西，不是我个人的私产。

X射线的特性，很快被用于工业和医疗方面。至今，他的同胞德国人还是喜欢将X射线称为“伦琴射线”，以纪念这位科学家。

# 放射性的发现

X 射线的发现，真是一石激起千重浪，好些物理学家都被激发起来，努力去寻找未知射线。的确，这方面的研究太吸引人了。自古以来，人们就幻想着火眼金睛，居然已经快实现了。

在众多研究者中，总有捷足先登者，他就是贝克勒尔。

贝克勒尔（1852 年～1909 年）是法国物理学家。他的祖父、父亲以及他本人，都当过自然博物馆馆长，因而他家是一个科学世家，他从小受到的影响是可想而知了。他还当过巴黎科学院院长，其学术水平也就不言而喻了。

伦琴发现 X 射线的论文寄到了科学院之后，著名科学家彭加勒（1906 年任科学院院长，在数学、物理、天文、哲学方面都有贡献）就想到，被日光照射而发磷光的物质也应发出一种不可见的、有穿透能力的、类似于 X 射线的辐射。他把这想法告诉贝克勒尔后，立即引起贝克勒尔的兴趣。

贝克勒尔用铀盐做试验，发现它在日光照射后，果然能发出使照相底片感光的射线，因而他最初以为日光照射是必要条件。

他从 1896 年 2 月起开始研究。时值冬日，巴黎多阴天，有一天又是阴天，无法试验。他便将样品和感光底片放到暗室抽屉中。没想到，虽没有日光照射，底片依然被感光，而且比以前试验时更明显。为了验证这一发现，他将底片放在铝夹之内，得到的是同样的结果。于是，他在 3 月 2 日的报告中写入新的发现。

以后，他又对铀盐进行再结晶后试验，在 5 月份的报告中，他写道："我研究过的铀盐，不论是发荧光的还是不发荧光的，结晶的、熔融的或是在溶液中的，都具有相同的性质。这使我得到以下结论：在这些盐类中，铀的存在是比其他成分更重要的因素。"这实际是表明他已接近认识到铀的放射性质。可惜后来他未能继续深入研究下去，整个物理学界除少数人外也没有关注他的发现。

贝克勒尔的发现，只是放射性研究的开始。这方面的大量工作，是由居里夫妇继续进行的。

# 镭的“母亲”

在贝克勒尔之后，玛丽·居里夫人（1867年～1934年）继续研究放射性，发现了几种放射性元素。居里夫人无论在品格上，还是在学术水平上，都是令人敬仰的。许多人都是为她的精神所感染，才决定献身于科学，将居里夫人当作自己学习的楷模！

居里夫人原来是波兰人，婚前名叫玛丽·斯可罗夫斯卡，1867年生于华沙一个教师家庭。她从小就勤奋好学，16岁时以金奖获得中学毕业。由于当时沙皇统治下的波兰不许女子上大学，她只好去当一名家庭教师。1891年她动身去巴黎，在那里的大学念物理，1893年以第一名的成绩毕业，第二年又以第二名的成绩毕业于数学系。

1895年，玛丽与当时已初露头角的物理学家皮埃尔·居里（1859年～1906年）结婚。他们两人真是志同道合的一对，不仅组成的家庭是幸福的，在事业上也是互相帮助的。在玛丽·居里的研究取得进展以后，皮埃尔便暂时放弃自己的研究方向，与玛丽一起奋斗。

1896年，贝克勒尔发现铀能放出特殊射线的消息引起了玛丽·居里的极大兴趣。仅仅几个星期，她便取得了可喜的成果。她证明铀盐的这种未知放射线强度与化合物中所含的铀量成正比，并不受外界环境例如光、热的影响。接着，她思考：难道只有铀

皮埃尔·居里和玛丽·居里夫妇

具有这种性质吗？她决定普查所有已知的化学物质。经过繁重而又艰苦的劳动，她发现钍的化合物也能放出铀所放出的那种射线，可见这不是铀特有的现象，而是自然界中未被认识的较普遍的现象。她建议把这种现象称为“放射性”，把铀、钍这类物质称为“放射性物质”。

在普查中，她发现沥青铀矿的放射性比它所含有的铀的放射性要强很多，这使她坚信，其中一定还有未知的放射性元素存在。为了从铀矿渣中分离出这种元素，夫妇俩在非常简陋的房间里夜以继日地工作。起初他们没想到这种元素在矿石中的含量只不过占百万分之一。这需要多大的细心和耐心按着规定程序分析呀！

他们的心血终于得到了回报，他们发现了放射性比铀强 400 倍的元素。在决定给这新元素命名时，玛丽提出将它称为“钋”，以纪念居里夫人的祖国——被沙皇蹂躏的波兰（元素钋的英文拼写为 polonium）。紧接着他们又发现放射性更强的镭，这回居里夫人给它命名时取拉丁语“放射”之意。

他们的发现，一时还难以被同行们接受，因为新元素的原子量还没能测定出来。而要测定原子量，就不仅要提炼出更纯的新元素，还要添置新设备。玛丽是刚毕业不久的学生，不可能得到更多的经费。据说学校拨给他们的棚屋，夏天漏雨，冬天透风。在这种恶劣的环境下，居里夫妇又苦干了 4 年。到 1902 年，才从数吨沥青铀矿的炼渣中提炼出 0.1 克的纯净氯化镭，并测出镭的原子量为 225。后来，后人都把居里夫人称为镭的“母亲”。

法国当时对他们的成果反应迟钝，不仅在研究进程中未给予足够支持，事后也未及时给予肯定。居里夫妇的第一枚奖章是英国授予的。1903 年居里夫人获诺贝尔物理奖之后，巴黎大学才授予她物理博士学位。

居里夫人是第一位诺贝尔奖的女获奖者，也是第一位两次获得诺贝尔奖的科学家（另一次是 1911 年获诺贝尔化学奖）。

1906 年 4 月，皮埃尔在一次车祸中遇难，这给玛丽的打击是沉重的。要知道这是在中年失去了科学上的知己、生活中的伴侣！可是，性格坚强的居里夫人从悲痛中解脱出来，勇敢地接替了皮埃尔生前的教职，成为巴黎大学的第一位女教授。当她以物理教授身份讲第一节课时，大学理学院走廊甚至广场上都站满了听众。人们一是想听玛丽的讲课，二是为了向她致敬意。只见玛丽身穿黑衣，走上讲台，一句闲话没说，接着皮埃尔上节课停住的地方，流利地将公式推演下去。

玛丽是一流的科学家，也是能干的家庭主妇，他们的家总是著名科学家聚会的场所，爱因斯坦就是他们家中的常客。

由于居里夫人教育子女有方，两个女儿，一个成为音乐家，一个成为物理学家。女婿约里奥·居里是著名原子物理学家。他们两代人在现代物理学史上是有名的居里家族。他们一家四位学物理的就获得过四人次诺贝尔奖。

# 化 学 篇

# 色盲和原子论

色盲是一种病，原子论是一种物质观，这是两个很难有联系的词汇。可是在英文里，色盲是 Daltonism，它是从一位英国化学家道尔顿（Dalton，1766 年～1844 年）的名字演变而来的。道尔顿对化学的贡献非常大，因而被后人尊为“化学之父”，他还是近代原子论的先驱者。可他却是一位色盲患者。一次他给母亲送圣诞礼物，明明送的是他认为妈妈一定喜欢的深蓝色袜子，可是妈妈和别人都看到那袜子是红色的。英国人很不喜欢红色，因而他将好事办成了坏事。从那以后，他经过研究提出的第一篇论文就是关于色盲方面的，这样后来英国人就将色盲症称为“道尔顿症”。

道尔顿对原子论的贡献是 19 世纪化学史上的一件大事。

道尔顿出身于贫苦家庭，少年时没有机会受到良好的教育，完全靠自己努力，自学成才。他最初的兴趣是观测气象，并一直做有关的记录，直到他临终前一天。

由气象观测逐渐引起他对大气的组成感兴趣。他一直在想，几种气体混合之后，为什么呈现出均匀状态呢？可能是因为气体是由很小的微粒组成的，这种微粒小到连显微镜也无法看见。他用古希腊人用过的“原子”（意为不可再分）一词来命名这种粒子，并且从当时已知的化学反应中设法测出了原子的相对质量，使化学成为继物理学之后走向定量的学科。

1803 年，他将自己的原子论概括为：

1. 元素是由原子组成的，它在化学变化中不可再分，并保持自己的特性。

2. 同一元素所有的原子的质量、性质都完全相同。原子质量是每一元素的基本特征。

3. 不同元素化合时，原子以简单整数比相结合（他进而由此得出倍比定律）。

他曾得出第一个原子量（相对重量）表，其中有 16 个当时认为的元素，当然，此表现在看来是不准确的。

道尔顿起初并不是化学家，所以也没有什么思想包袱。当时以化学家自居的人，对于哪种物质是真正的元素，还持慎重态度，更不敢冒昧地提出原子量表来。

道尔顿一生都过着简朴而紧张的隐居式研究生活。他终身未娶，没有留下后人，也未留下金钱，却留给科学一大笔财富。他不能辨清颜色，却以深邃的洞察力“看到了”原子的存在。道尔顿之所以能走在科学的前列，是因为他历尽艰辛，不懈地奋斗，正如他自己所说：“如果我比周围的人获得更多的成就的话，那主要——不，我可以说，几乎单纯地——是由于不懈的努力。一些人比另外一些人获得更多的成就，主要是由于他们对放在他们面前的问题比起一般人能够更加专注和执着，而不是由于他的天赋比别人高多少。”

# 一字千金说分子

自古以来，人们只笼统地想像万物应当由最小的微粒构成，并且用“原子”之类名称代表最小微粒。到了 19 世纪，道尔顿用原子论初步加以科学的阐明。可是在化学中，只承认有原子存在是不够的，因为有许多现象仍无法解释。

法国学者盖·吕萨克（1778 年～1850 年）在研究气体时发现，参加同一反应的各种气体，在同温同压下，它们的体积成简单整数比，这就是现在所谓的“盖·吕萨克定律”，或称为“化学中的气体反应定律”。例如，两个体积的氢和一个体积的氧完全化合时，生成两个体积的水蒸气，它们的体积比为 2：1：2。

盖·吕萨克进而认为，在同温同压下，相同体积的不同气体应当含有相同数目的原子，可是实验表明：单位体积的氧和单位体积的氮化合时生成两个单位体积的一氧化氮。倒过来看，即一个一氧化氮的原子岂不是由半个氧原子和半个氮原子化合而成了吗？可是，原子论已赋予原子不可再分的特性了。

如何既保持原子论，又符合实验事实呢？阿伏伽德罗（1776 年～1856 年）将盖·吕萨克的说法改成：在同温同压下，相同体积的不同气体应当含有相同数目的分子。将原子改为分子，只一字之差，就将问题解决了，真是一字千金啊！他假设原子之上还有分子层次，单质气体的分子一般都是由偶数个原子组成，那么，一个体

积的一氧化氮分子就是由一个体积的氧原子和一个体积的氮原子合成的，这样就避免了出现半个原子的问题。

阿伏伽德罗 1811 年提出的分子假说在很长时期里没能引起重视，直到 1860 年才被正式承认。在字面上仅是一字的改动，却历经了半个世纪，可见新概念的建立何等困难。如今分子在化学中已是非常重要的概念。

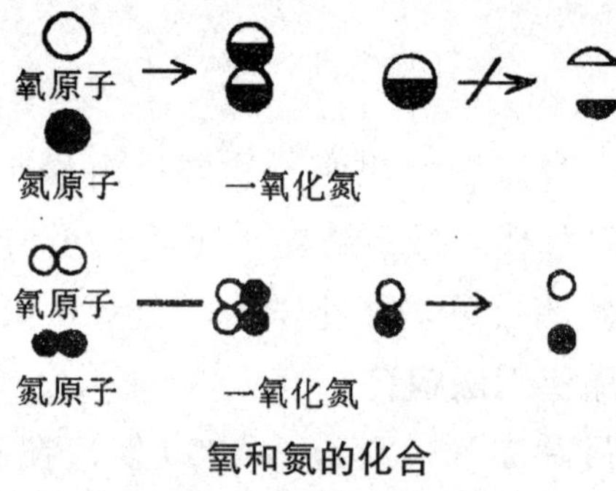

氧和氮的化合

# 给元素排队

到了19世纪，已发现的化学元素有几十种，那么，它们之间究竟有什么联系呢?

大化学家拉瓦锡在1789年将当时已知的33种元素分成四类排列成表，这反映出化学家的一种愿望，但并未能预言什么规律，因为这些元素将热和光也包括在内（水刚刚被排除在外）。

以后，还有些人试图将元素排列成有规律的表，但都未见成效。

在前人研究的基础上，提出有指导作用的元素周期表的是俄国化学家门捷列夫（1834年～1907年）和德国化学家迈耶尔（1848年～1897年）。

迈耶尔制订的周期表侧重于显示元素的物理性质，对于族属划分比较重视。这个表是按原子量排列的，已为未知元素留有空位。门捷列夫的周期表则侧重于元素的化学性质，因而对化学家更有用途。

门捷列夫起初是学外科医学的，但是他怕见尸体，于是转到师范学校学数理。毕业后他当了两年中学教师，22岁时通过了化学学位答辩，被彼得堡大学破格任命为讲师。当时化学教材中关于元素的资料非常零散，这促使他决心理出个头绪来。在1860年的一次国际化学会议上，他获得了有关元素原子量的重要资料，使他更坚定了信心。

他详细地分析了前人给元素排队的成功与失败，批判地吸取了前人的研究结果，将元素的原子量、化学性质等已知特征都记在卡片上，反复排列，终于发现了周期表。

在1869年发表的时候，他指出：

1. 按照原子量的大小排列起来的元素，在性质上呈现出明显的周期性；

2. 原子量的大小决定元素的特征；

3. 周期表应该指导许多未知元素的发现；

4. 可以反过来精确测定原子量。

在1871年发表的新表中为未发现的元素留下6个空格。例如镓，是1875年发现的，当时发现者只公布了主要性质，可是门捷列夫根据周期表指出镓的比重应该是在5.9～6.0之间，而不是所公布的4.7，重测后果然是5.94。这种惊人的预见性太令人心服了。后来发现的钪（1879年）、锗（1876年）的具体性质，也都与门捷列夫的周期表预言完全一致。

周期表真是19世纪的科学硕果。一条定律、一个公式只能就某个量准确地预言，而周期表却能预言未知元素的许多特征。

有了周期表，结束了化学元素认识上的混乱，使化学家们有目的地集中精力去做进一步的研究。后来物理学家在构想原子模型时，周期表也给予了启示。

# 诺贝尔和诺贝尔奖

诺贝尔奖是世界学术上的最高荣誉奖，那么，诺贝尔是什么人？又为何设此奖呢？授奖的情况怎样呢？

诺贝尔（1833 年～1896 年）是一位没有学历、靠自学成才的发明家，1833 年生于瑞典。小时候因为家里困难，到 8 岁时才上学，也只读了一年书，稍大就全家迁往俄国。这时他父亲的发明得到了沙皇的赏识，因而家境变得富裕，才请了家庭教师来教诺贝尔学习。1850 年，他父亲让他出国旅行学习，这次收获很大，长了见识，也掌握了多国语言。回来后他就在父亲的工厂工作。因而他的许多知识都是来自生产实践。在工厂里，他跟父亲一起研究鱼雷和炸药。

1855 年，诺贝尔得知有一种硝化甘油具有猛烈的爆炸性能，但是不易控制，难以实际应用。最初提出用硝化甘油来制作炸药的是俄国化学家尼古拉·尼古拉耶维奇·齐宁。诺贝尔经过几个星期的试验和研究，发现将硝化甘油与原来使用的黑色炸药按一定比例混合后，能增强爆炸力。

诺贝尔的弟弟也对新式炸药感兴趣，并且在一次试验中丧生。这事件曾引起一阵轰动，官方出来干涉他们的试验，诺贝尔的父亲也一度因为失去爱子而对试验灰心。但是诺贝尔坚信，任何试验都会有失败的时候。他从弟弟的失败中看到了新炸药的威力。为了缓和市民们对试验的抗议，他买了一艘船，在城市外的一个湖中做试验。

一方面试验和储运硝化甘油炸药不断出现爆炸事故，让人惧怕；另一方面当时正在开挖苏伊士运河以及修铁路和矿山，需要有更大威力的炸药，诺贝尔加快改进生产工艺，使炸药更为安全。为此他做了不少宣传表演的工作，终于使各国认识到改进后的炸药不仅在民用而且在军用上也是威力空前的。于是诺贝尔的炸药工业蓬勃地发展起来，他本人也成为当时的工业巨头、百万富翁。可是，诺贝尔并不财迷心窍，他曾说："金钱这种东西，只要能够解决个人的生活就行。要是过多了，它会成为遏制人类才能的祸害。"在他富裕的时候，曾资助慈善事业和青年人成才。

诺贝尔对其他学科的发展也很感兴趣。他曾研究过合成橡胶和人造丝，还改进过电气零件，试验过用气球进行空中摄影。但是他主要的发明还是高效炸药，而炸药又必然与军火生产有关，因而也有人攻击他，说他是军火商人，发的是战争财。诺贝尔一想到这点，就心中难过，为了表白他的发明家心迹，他觉得应当恰当地处理好自己的财产。他决定设立一项基金，并清楚地写成遗嘱存在一家银行的金库里。

1896 年 12 月 10 日，诺贝尔与世长辞，银行从金库中取出遗嘱，上面写道：

"在此我要求遗嘱执行人以如下方式处置我可以兑换的剩余财产：将上述财产兑换成现金，然后进行安全可靠的投资；以这份资金成立一个基金会，将基金所产生的利息每年奖给在前一年中为人类作出杰出贡献的人。"

他提议将利息分为五等份，奖给物理学、化学、医学、文学和为和平作出贡献的人。这就是后来的五种诺贝尔奖。他还强调获奖候选人应当不分国籍，"谁最符合条件谁就应该获得奖金"。

后来诺贝尔的遗产换成现金为 3300 多万瑞典克朗。这在当时是一笔巨款。

几个负责颁奖的机构严肃认真工作，使诺贝尔奖不久就成为科学家、文学家和社会活动家所能得到的最高荣誉。

1968年，瑞典中央银行在成立300周年的时候，为纪念诺贝尔，出资增设了诺贝尔经济学奖。1990年，诺贝尔的一位重孙又提出增设一项地球奖的计划，为杰出的环境研究成就取得者颁发此项奖金。

诺贝尔奖在每年10月公布获奖者名单，12月10日在诺贝尔逝世纪念日那天举行发奖仪式。奖金数额原本就不低，到1991年已增加到每项奖金为100万美元。

现在世界上已有40多个国家近600名科学家、文学家和著名人士获得过这个奖金。我国学者尚无一人获得过诺贝尔奖，只有几位美籍华人曾获得过此项殊荣。

# 四个角色一台戏

曾经有人认为，有机物是一种“有生机”或“有生命”的物质，只能在非物质的“生命之力”的作用下才能形成；它们只能从天然动植物中提炼而不能在实验室内用化学方法来合成。1817 年，首先是瑞典化学家贝采里乌斯（1779 年～1848 年）提出，有机物与无机物应当是没有绝对界限的，这开始冲击有机化学中的“生命力”的说法。但是，真正让人信服的还是实验事实。

1824 年，贝采里乌斯的学生、才 23 岁的德国化学家维勒（1800 年～1882 年）在实验室用无机物合成了有机物——尿素。这一发现震惊了当时的化学界。连他的老师贝采里乌斯都开玩笑地说：“能不能在实验室造出一个孩子来?”维勒用了 4 年时间，仔细反复地实验，最后确认他得到的尿素就是动物机体内代谢产物的那种尿素。于是在 1828 年正式公布了他的重大成果，从此打破了无机物与有机物的界限。

维勒曾经说过，有机化学像是一片充满了最神奇事物的原始热带森林。德国化学家李比希（1803 年～1873 年）就是这片原始森林中的开拓者。他从少年时代就开始对神秘的化学现象感兴趣，后来在法国的综合技术学院学习了化学。回国后，就在当时还比较落后的德国建立起化学实验室，进行教学和研究，为德国在 19 世纪后期和 20 世纪初期的化学和化工称雄世界奠定了基础。

组成有机物的4种主要元素

有机化学与我们的生活关系非常密切。无论是农业肥料、药物、合成的新材料、人造纤维、染料、炸药等都与有机化学分不开。这些方面的巨大发展，都是因为人们搞清楚了有机物是由哪些元素结合而成的。起初的研究发现，生物物质一般都含有碳、氢、氮、氧，那么，这4种元素又是怎么组成那么多有机物的呢？后来才发现，它们是先组成基团，然后再合成有机分子。正是由碳、氮、氢、氧4种基本元素担任主角，才演出了波澜壮阔的人工合成物质世界。

# 化学家中一伯乐

在科学史上，许多著名科学家都善于发现和培养人才。英国化学家戴维就是化学界中的一位伯乐。

亨弗利·戴维（1778 年～1829 年）生长在英国的一个小乡村，家境并不宽裕，因而没有受过正规教育。从 16 岁起，他就给人家当学徒，做一位医生的帮手。这一工作使他经常接触到药品，有的还需要自己动手调配，由此他对化学产生了浓厚的兴趣。当时给病人治疗，常要用到气体，比如给病人吸氧，就可以使他感到清新舒畅；而使用氨气可以起到刺激作用。有一次戴维制取一氧化二氮（又名笑气）时，通过亲身试验，发现这种气体可以当作麻醉剂使用，便写了一本小册子加以介绍，从此他在化学界有了点名气。

著名物理学家伦福德（汤普森）在伦敦创办皇家科普协会时，聘请的几乎全是著名教授。当时有人推荐戴维。最初他给伦福德的印象不算好，可是很快戴维的实验技术使伦福德改变了看法。结果是到职后 6 个星期就升为副教授，两年后又升为教授。戴维以一个没有大学学历的青年，在 25 岁时就获得了教授职称，应当说他遇到了伯乐。

戴维的口才很好，科学演讲很吸引人。在他的听众中，有一位后来鼎鼎有名的法拉第，当时还只是个刚出师不久的热爱科学的青年。1812 年底，法拉第在听了戴维的演讲之后，以初生牛犊不怕虎的精神给已是皇家学会会长的戴维写了一封请求帮助的信，并附上自己整理的听讲笔记。戴维立即以伯乐的慧眼，看出这是一匹千里马，随即热情邀请法拉第面谈。

见面时戴维向法拉第讲述了从事科学研究的艰苦，法拉第则表示愿为科学献身。这样，戴维有了好助手，法拉第有了好导师，他们两人合作得非常默契。

在伏打发明了电堆之后，科学家有了合用的电源。但是，电的热效应在当时还不足以代替已有的煤气灯和酒精灯，电的磁效应还未被发现。而电解作用，则引起了戴维的兴趣，他最初试着将水电解，而后通过电解苛性碱得到钾和钠，以后他又电解得到钙、镁、锶等碱土金属。法拉第的高超实验技巧，给戴维以很大帮助。后来法拉第转向电磁学研究，并且取得了划时代的成功。

在戴维晚年的时候，有人问他："您一生中最大的科学贡献是什么?"他回答说："我的最大贡献是发现法拉第。"这表明他对法拉第的高度评价，对于自己能成为伯乐的欣慰心情。遗憾的是这位伯乐虽然发现了也培养了法拉第，却不能平等对待法拉第，甚至有些嫉才。在法拉第给他当助手时，他常以仆人对待。后来法拉第由于对科学的贡献而被提名为皇家学会会员的时候，惟一投反对票的竟是戴维自己。

# 把世界打扮得更美丽

无论你面对初升的红日和天边的晚霞，还是欣赏繁花似锦的花园和色彩斑斓的蝴蝶，都会由衷地赞叹大自然的美丽。是的，我们应当庆幸大地是被多色光组成的阳光所照耀，其次庆幸在生物进化中我们没有形成色盲（多数动物都是色盲），但更应该庆幸的是化学家们发明了各种染料，才能把世界打扮得如此美丽。

最初，人们为了美化服饰，采用天然染料，它们多数是从植物中提取的，但只能印染几种颜色。

到了19世纪，发明了合成染料，它们的原料大部分是煤炭。出乎人们意料，多彩世界竟然是以黑色物质为原料。

19世纪之初，欧洲已有了煤气灯，从煤中提取煤气后，剩下的煤焦油最初未能加以利用。后来，德国化学家霍夫曼（1818年～1892年）为煤焦油的综合利用开辟了道路。他曾被英国皇家化学院聘为教授，为英国培养了一批化学专家。虽然英国当时工业比较发达，可是煤焦油还是被作为污染环境的废料处理，霍夫曼和他的同事们却将其视为宝贝，从中分离出一系列芳香族化合物。

霍夫曼的一位助手叫帕金，原想从煤焦油中提取治疗疟疾的奎宁，但没能成功，却意外地制成了一种合成染料。有一次帕金在试验失败后，要“洗手不干”了。他将手上的黑色粘糊状物质，放在酒精里洗掉时，酒精却呈现出紫色，由此他制成了很好看的染料。

这一成功吸引了许多化学家向煤焦油中寻宝并转向了染料的研究。很快发明了红色、绿色、黄色和蓝色等多种美丽的染料。

后来，霍夫曼和他的德国学生从英国回到德国，在德国开展研究，使德国的染料化学蒸蒸日上。90％的合成染料都是德国制造的。我国解放前群众喜爱的阴丹士林布就是用合成染料染成的，颜色好看且不褪色，深受人们欢迎。

霍夫曼创办了德国化学学会，当了第一任会长，还创办并主编《化学年鉴》。他很重视国际间的学术交流。德国因为有了霍夫曼、他的老师李比希以及他们的一批学生，便在 19 世纪后 50 年中，在化学化工方面一直走在世界前列。

# 生 物 篇

# 生物的“原子”

打破砂锅问到底是科学发展的突出特点。对于非生物体，在19世纪已经追踪到了原子和分子；对于生物体则已追踪到细胞核。不过，对于原子和分子的存在在当时只是理论上被证明了，并没有人真正地看到过；而对于生物的“原子”——细胞却真的可以用肉眼看到，而且还可以看到它的细部结构。这首先应当归功于显微镜的发明。

1665年，英国科学家胡克（1635年～1703年）（就是和牛顿同时代的那位实验物理学家）研制成能放大40倍～140倍的显微镜，用它观察到软木切片上有一种蜂窝状结构，其中有许多空腔，他把这一个个小室叫做“细胞”。

1675年～1683年，荷兰的列文虎克制造了能放大270倍的显微镜，用它首次描绘出骨骼的细胞图。

虽然在显微镜下已经看见了细胞，但是在后来的100多年时间里，对细胞的认识却很不够。直到19世纪，1824年，法国的生理学家杜特马歇（1776年～1847年）提出细胞是动、植物器官的统一结构单位，这又引起人们对细胞观察的浓厚兴趣。这时显微镜也得到改进。1831年，英国植物学家布朗（1773年～1858年）观察到植物的细胞核。1835年，捷克人普金叶观察到动物的细胞核。

1838年和1839年，德国的植物学家施莱顿（1804年～1881年）

和动物学家施旺发表文章，认为动植物尽管外部形态千差万别，但是内部结构却是统一的，它们都有细胞。细胞是一种独立的、能自己生存生长的单位。他们对细胞进行了简单分类。细胞学说被用来解释生物体的病理，人们开始认为，由细胞组成的人的各种疾病，就是局部的细胞产生了某种非正常的变化。

1879 年，德国的弗莱明（1843 年～1915 年）发现一种鲜红染料能使细胞核内的部分物质着色。他将那些能染上颜色的物质称为“染色体”。有了标记物以后，就可以研究细胞的分裂过程了。

通过在显微镜下细心观察，以及比较实验，人们发现了微生物。这一发现被认可后，在医疗上消毒措施就成了重要环节，从而挽救了许多原来认为不治的病人。

# 种瓜得瓜吗

俗话说“种瓜得瓜，种豆得豆”，又说“龙生龙，凤生凤，耗子生儿打地洞”。这都说明人们已经认识到遗传这一生物现象。可是为什么会这样呢？一位奥地利的传教士真的研究起种豆为什么得豆来了，他叫孟德尔。

孟德尔（1822 年～1884 年）是个农民的儿子。年轻的时候，他在一个贵族的果园里管理树木，因此对植物产生了兴趣。1847 年，他成了传教士，利用余暇精心管理修道院的花园。他选择了豌豆作为研究的对象，想通过它观察遗传的规律。

经过多年的种植、观察、记录、比较，他发现遗传有两种方式，一是显性，一是隐性。他选用了豆荚为黄色的豌豆（纯种）和豆荚为绿色的豌豆（非纯种）。在自花授粉时，黄的只生黄的，绿的则既生黄的也生绿的。他又用纯种黄的和纯种绿的豌豆进行异花授粉杂交，结果却生成绿荚的。而黄荚这一特征似乎隐去了。他将黄荚称为“隐性”性状，绿荚称为“显性”性状。

他将所得的子代种子（绿荚豌豆）再种下去，发现有的结黄荚，有的结绿荚。到了第三代（孙子辈），原来隐去的结黄荚特性出现了，这就是“隐性遗传”。我国民间叫做“隔代遗传”。

孟德尔还发现，结黄荚和绿荚的种子比例是 1∶3。

为了解释这种现象，他提出“遗传因子”的说法。就是说，每种颜色豆荚的豌豆有两个遗传因子，而同株的精和卵各得其中的一个因子。如果是自花授粉，那么子代所得因子与本代的相同。但是黄荚和绿荚豌豆的因子却互不相同，有显性和隐性之分。如果是异花授粉，进行杂交，那就会由于因子的组合方式不同而出现显性或隐性遗传，可以算出隐显之比是1∶3。

孟德尔的因子说和试验结果于1866年发表在当地的一份小杂志上，并未引起人们的注意，被忽视了30多年之后，到了20世纪初才重被发现和重视。

这时不仅对遗传规律有了进一步认识，而且对细胞和生殖细胞也有了进一步认识。最后发现细胞中的染色体就是遗传因子的物质载体，后来就将孟德尔的遗传因子称为“基因”。

基因又是什么呢？20世纪生物物理和生物化学回答了这个问题。科学家发现了脱氧核糖核酸（DNA），从而揭示了遗传的秘密，这是后话了。

# 人通过生理学认识自己

人通过科学认识了世界，同时也认识了自己。不过，在认识自己的过程中，遇到的困难更大而且时间较晚。

那么，到 19 世纪，人通过生理学对自己认识到什么程度呢？

这个世纪之初，有人提出人的生命是各个组织的生命的总的结果表现。后来又有人认为，大脑的各部位各司一定功能。维也纳的医生加尔通过解剖，揭示了大脑的构造，他认为灰质是神经系统的活泼而不可少的工具，而白质只是联系的链条而已。也有人从实验中发现，我们体验到的感觉，与刺激神经的方式无关，而只取决于感官器的性质。例如，不仅是光，就是压力或机械的刺激，作用于视神经和视网膜，同样也会产生光亮的感觉。

1833 年，一位外科医生观察到胰液可以将由胃进入十二指肠的脂肪分解为脂肪酸和甘油，将淀粉转化为糖，并溶化含氧物质或蛋白质，而在这以前，人们还以为消化过程都是在胃里进行的呢！

1857 年左右，通过对狗进行实验，发现肝在神经控制的内分泌影响下，可以从血液制成葡萄糖。

生理学家伯纳德（1813 年～1878 年）发现，血管的收缩和舒张是受神经控制的。其实我们每个人都在经常证明这一点。只要心理一紧张，脸就会胀红，这就是血管受到神经控制的结果。

韦伯兄弟（1795 年～1878 年）发现了抑制作用。例如刺激迷走神经会导致心跳骤停。

1838 年，马格纳斯指出，动脉和静脉中的血都含有氧和二氧化碳，只是比例不同，故而颜色也不同。“煤气”（一氧化碳）中毒是因为红血球的血红蛋白里的氧被一氧化碳置换了，使血红蛋白不能将氧送到全身各组织中去造成的。

1885 年，鲁布纳（1854 年～1932 年）测定了蛋白质、糖类、脂肪的热值，定量地测算了人体输入和输出能量关系。

人类只有正确地认识自己，才能更好地保护自己的机体，合理地发挥机体的力量。

# 有害亦有益的细菌

生物学在19世纪一项重大进展，是对细菌加深了认识。

以前人们一直以为细菌是可以随时自然产生，可以无中生有。意大利的斯巴兰扎尼（1729年～1799年）认识到，以前之所以觉得细菌是自然产生的，是因为洁净处理得不彻底。如果把肉汤放在烧杯里，用火加热后再封上，再将汤烧开一小时，那么放多少天也不会产生细菌。1809年，阿贝尔就是受到斯巴兰扎尼说法的启发而发明罐头。

19世纪中叶，法国的巴斯德（1822年～1895年）弄清楚了酒精发酵是酵母菌在起作用，牛奶变酸是乳酸菌在起作用。他把盛汤的烧杯放在巴黎市区、郊区和山上进行比较，发现放在山上的烧杯中的汤不易变质，可见细菌的繁殖与环境有关系。他指出细菌是从外面进来的，或者是里面原来就有的，在条件合适时就繁殖起来。人们很奇怪，为什么这么小的生物会繁殖得那么快。后来才发现，它们根本不需要找对象，它们进行的是一种无性繁殖，是靠自身分裂，一个变两个，两个变四个，依此类推。

人们通过研究还发现，疾病的传染也是细菌在作怪。

在19世纪中叶，在法国的南部曾流行一种蚕病，给养蚕业造成很大损失。巴斯德（1822年～1895年）通过显微镜仔细观察，发现病蚕带有一种寄生的细菌。其他蚕吃了让病蚕弄脏的叶子，就使疾病蔓延。

炭疽病，曾经是家畜中很可怕的流行病，得此病的家畜会很快死亡，而且这种病也可传染给人。德国人科赫在显微镜下发现，得炭疽病死亡的家畜和人的血都变成黑色，而且有一种健康人血液中所没有的棒状细菌。他把这种细菌擦在老鼠的伤口上，也引起老鼠死亡。这一发现一下子引起了好些学者研究细菌的兴趣，陆续发现了麻风病和伤寒的病菌。

现在我们很少看见脸上长麻子的人了，因为天花这种传染病已经受到控制，在我国已经绝迹。可是在 18 世纪，天花仍然是人类的大敌。天花曾经在欧洲流行过。人们发现，一个人如果得过一次就不会再得第二次，医学上称此为免疫。中国人早就知道种人痘是一种很好的预防方法，这就是将得天花病人身上的脓沾在针尖上，然后刺在没得过天花的人的皮肤里，就可以便此人得一次较轻微的天花后对这种病终生免疫。这是中国人的伟大创造。这种方法后来传到西方。

然而种人痘还有一定危险。后来西方人发明了种牛痘。原来牛也能传染天花，挤奶的农妇常因为不小心而被传染上牛天花。天花病毒被牛体减毒后对人体的危害较小，而人得了牛天花恢复健康后，同样可以终生免疫，永不再得天花。因此有人就借助于牛来大量培养牛痘疫苗。给人种上牛痘，就可以达到免疫的目的。早在解放前，中国人就接受了种牛痘，现在上年纪的人手臂上都留有种牛痘的痕迹。

# 进化的奥秘

人和其他生物是自古以来就是目前这个样子，还是逐渐进化而来的？这是人们历来百思不得其解的问题。通过对周围生物的观察，人类早就有了进化观点。朴素的进化思想可以追溯到古希腊和我国春秋战国时代。

可是，科学的进化论却诞生在19世纪。这是因为当时为了扩大商品市场和寻找资源，不断出现各种探险队和科学考察队。这大大地丰富了人们对自然界的了解。一个古老的问题又重新提了出来：为什么动植物有那么多种类？它们的差别是怎样形成的？不同种之间有何联系？人类又是怎样形成的？

在19世纪，最先提出进化思想的是法国的拉马克（1744年～1829年）。他本来是研究植物的，后来才研究动物。他肯定了环境对物种变化是有影响的，提出两条著名的原则，一是“用进废退”，就是说经常使用的器官就发达，不使用就会退化；一是“获得性遗传”，他认为后天获得的新性状，是有可能遗传下去的。

达尔文（1809年～1882年）受到拉马克学说的影响。他曾说，他长期不断地观察过动植物的生活情况，对于到处进行的生存竞争有深切的了解。他因此立刻就想到，适应环境的变种将会保存下来，不适的必将消灭，结果将有新种的形成。

达尔文最初在爱丁堡学医学，后来到剑桥大学入基督学院，想成为牧师。再后来他有机会以博物学家身份参加“贝格尔”号军舰作环球考察。这5年的考察生活，使他大开眼界，收集到不少资料，以后他就干脆过起隐居生活，潜心实验和思索。

他先是从地质学角度解释珊瑚礁的形成，他认为珊瑚虫为了求生存，而使自己高出海面。以后为了弥补自己生物学知识的不足，他又收集了有关动植物在人工培养和自然状态下发生变异的事实，还与植物园的园丁交换意见。他了解到中国关于金鱼养殖的人工选择方法，用人工选择方法改良植物和果树的品种。他在后来的著作中承认人工选择在中国古书中早就有明确的记述。但是物种是怎样进化的？对他仍然是个谜。

1859年，他正式写成划时代的名著《物种起源》，当年11月出版。此书的全名是《根据自然选择，即在生存斗争中适者生存的物种起源》。它以大量无可辩驳的事实，提出了生物物种不是不变的，而是进化发展的。这是一种重要学说，对当时人们的思想产生很大震动。

后来人类学家通过研究，得出了人类是从类人猿进化而来的结论。

# 天 地 篇

# 岩石的来历

我们脚下的大地，一直是静中有动，经常有火山喷发和地震发生。在平原地区，要了解地层构造，需要通过钻探，而到了山区，一些地质奇观就会展现在我们面前。文学家和艺术家从美的角度讴歌和赞美奇山异石，科学家则从学术角度对它加以研究，逐步形成了地质科学。

最初地质学研究岩石的成因，是为找矿提供依据。这一任务现在仍然是地质学一项重要内容。

对岩石的成因认识，有水成说和火成说两种。水成说认为很久很久以前，地球表面为洪水所淹没，一些悬浮在洪水中的杂物，逐渐重的沉积在下面，轻的则积在上层，过了相当长时间，它们就成为岩石，这就是水成岩，其中的生物遗骸也就成了化石。火成说则认为岩石是由于地热的作用，先产生岩浆，最后凝结而成。

当我们到山区去旅游的时候，常常看到山石是有层次的，因此会觉得水成说是有道理的。可是我们也会看到岩石出现大面积的岩层断裂，而且有的呈倾斜状，甚至接近于竖立起来。这又使我们觉得火成说也有道理。

地质学家们从工作中感到应当将已知地层按年代来排序。于是1881年在意大利召开了国际会议，确定了通用的地质年代表。像年、月、日似的将地层次序也分为代、纪、世。最早是古生代，然后是中生代、新生代。代下又依次为纪、世。这样地层就像是一部历史书，它向我们诉说着漫长的地球史和古生物史。

在19世纪，地质钻探技术还不发达，无法从地球深处取样研究，往往只能从大地的表层进行一些观测。因而对岩石的成因，两种学说不分上下。

# 我们的地球

地球与人类的生存息息相关，所以，人们历来都力图充分了解它，但是限于科学技术水平，认识的程度只能是逐步加深。

在19世纪以前，人们已经知道地球严格讲应当是个椭球。同时也计算过它的扁率。所谓扁率就是地球赤道直径与南北极间地轴长度之差与赤道直径的比值，它表明椭球的扁的程度。到了19世纪，测算得地球的扁率是1.297，它的密度是55.05，重量是56.9亿吨。

19世纪在世界范围内掀起了海洋考察的热潮。这时所乘的轮船，也发展成为以蒸汽机为动力和螺旋桨推进。船只造得更为舒适豪华，续航能力也大为加强。1872年～1876年间，英国的“查连加”号调查船进行了环球海洋考察，航程11万千米，收集了海洋物理、海洋化学、海洋生物、海底地貌和沉积物等方面的大量资料，编成了50卷的调查报告。

极地考察无疑是最激动人心的事业。人们也希望能开通一条沟通太平洋与大西洋经过极区的更短的航路。

首先探险的目标是北极，因为北极离欧亚大陆比南极要近很多。整个19世纪后期，人们都在力图征服北极，而将征服南极的壮举留给了20世纪的人们。

征服北极的一大收获是发现白令海峡，那是出生于丹麦的俄国探险家白令的功劳。1831年俄罗斯的探险队发现了地球的磁北极。

1878 年，瑞典人发现了从北大西洋绕过西伯利亚，经过白令海峡进入太平洋的所谓东北航路。1906 年又找到了从白令海峡进入太平洋的西北航路。这两条航路都要经过北极圈非常寒冷的海域，航程虽然缩短了，但是并不能常年通航，冬天需要有破冰船开道。

了解我们的地球，还应当了解围绕着地球的大气层。虽然 19 世纪，由于飞行器和记录仪器还不能胜任研究工具，但是人们已经知道在地球外围，确实存在着一个大气层，它可以透过阳光，还有很多有利于地球上生命的性能，因此才使地球上出现生物。

由于接近地球表面有大气层，有风霜雨雪的变化，才形成了气象万千。气象学是在对地球有更多了解之后才发展起来的一门学科。每一局部地区的气象，都与周围的天气变化有关。19 世纪后期，无线电通讯诞生之后，气象学家制作了天气图，才有了适时的天气预报。

# 浩瀚的宇宙

我们居住的地球，只是太阳系的一颗行星，太阳又只是银河系的一颗恒星，而银河系约有 1000 亿颗恒星，银河系又只是一个星系。整个宇宙约有 1000 亿个星系。这样算下来，什么是渺小，恐怕没有比观看星空时更能感受到它的含义了。

现在已经知道，光的传播速度，在真空中是每秒 30 万千米，它是自然界速度的上限。因为星际间的距离太远，只能换算成光的传播时间来表示还简略些。光传播 1 年要通过 8 万亿千米。就这样，据估计（也只能是估计）宇宙的半径大约也有 10 亿光年，相当于 80 万亿亿千米，其数值之大，难以想像，所以在生活中将极大的数值比喻为天文数字。

光通过太阳与地球这段距离，也需要 8 分钟。我们此刻所见的太阳，是 8 分钟以前它所发出的光在我们眼中所成的像。如果距我们以光年计的恒星在几个月之前已经消亡，但在我们看来它却仍然存在着，因为它发出的最后一束光，要在几年之后才能到达我们的眼中。

19 世纪天文学上的一项重大事件是发现海王星，从而扩大了原有认识到的太阳系的范围。以前以为土星在太阳系的边界上。1781 年英国天文学家赫歇耳（1738 年～1822 年）用望远镜仔细地观察天空时，注意到一颗星的异常情况，认定它不是一颗恒星。后来英国人麦斯克雷弄清楚了它是前所未知的行星，给它命名为“天王星”。在计算天王星运行轨道时，发现出现偏差，终于在1846年又发现了海王星。

天文学家在计算时，根据的是牛顿的万有引力定律。通过详细计算，又发现海王星的运行还受一未知行星的引力影响。这颗星离太阳远，它的光非常弱，在1930年才发现它，给它命名为“冥王星”。至此，太阳系的九大行星都被发现，它们离太阳的距离很有规律。如果将地球与太阳的距离定为10，那么在0，3，6，12，24……数列上各加上4形成的4，7，10，16，28……数列，在这些距离上依次排列的就是水星、金星、地球、火星（位于28处是一些小行星）、木星、土星、天王星、海王星、冥王星。

19世纪天文学的发展不仅受益于望远镜的不断改进，还受益于光谱学的研究成果。在进入电子时代之前，我们能感受到的来自宇宙的信息，只有光波。对于本身能发光的天体，可以通过光谱分析，了解到更多有关知识，比如它们的表面温度，所含的物质等等。尤其是对离我们最近的恒星——太阳，在19世纪，我们比以前更了解它，甚至有些化学元素，还是先从太阳光谱中发现，后来才在地球上找到的。

在发明望远镜之前，我国曾一度在天文知识方面领先于世界。自从欧洲人发明了望远镜，在天文观测上便超过了我国。

# 技术篇

# 让人长上飞毛腿

在各民族的故事中，都少不了幻想着让人长上飞毛腿，或是生出天使的翅膀。车船的发明，可以说初步实现了这种愿望。在 19 世纪，车船等交通工具有了重大发展。

我国是个自行车王国。自行车是 19 世纪（1869 年）的产物。发明家怎么能想到，两个轮子的车会骑着不倒呢？1770 年，法国有人将儿童玩具木马安上两个木轮子，骑在上面，用脚交替地蹬地向前滑行，既无车把也无车闸。后来先是改进车把，然后改进车轮。1885 年，英国人在自行车上采用链条传动，随后是 1888 年，邓禄普（1840 年～1921 年）发明了充气轮胎，减轻了骑行时的震动。以后是改进鞍座和飞轮，在转动部分用上滚珠。到 1890 年，自行车已经是现在的模样了。那时，自行车是人们很喜爱的交通工具。居里夫妇在结婚时，得到两辆自行车作为礼物，非常高兴，两人经常骑着车出外郊游。

蒸汽机一发明，人们就想到将它作为动力用于车辆上，这就是汽车的雏型。可是它喷出的黑烟和震耳欲聋的噪声，让人难以忍受，因而在城市不受欢迎。内燃机的发明改进了汽车的动力装置，因为内燃机不但效率高，而且体积小，噪音也比蒸汽机小，装在汽车上，受到城市人的欢迎。1882 年已经设厂成批生产以内燃机为动力的汽车。德国的本茨厂是比较早的生产厂家。

一旦将内燃机成功地用于汽车，很快就制造出各种专用车辆，将它与自行车结合，摩托车便问世了。

火车因为要求牵引力大，则需要高压蒸汽机，到1803年就出现了装有高压蒸汽机的机车。原先人们希望发明火车是为了解决矿山运输问题，而矿山多为坡道，所以最初火车用武之地不多。

斯蒂芬森（1781年～1848年）是位矿工之子，深知解除笨重劳动之苦的重要。他潜心研究，到1825年，先后制成了19台机车，从中总结出不少经验。可是有了机车，还要修铁路，挖隧洞，修桥

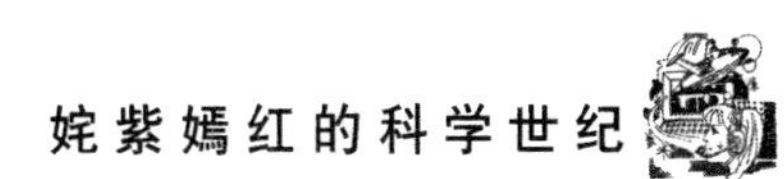

梁。这样做值得吗?

新生事物能不能站住脚，要在竞争中定论。在一次别开生面的竞赛中，几台蒸汽机车和马拉货车比试谁跑得快，斯蒂芬森的“火箭”号一举夺得冠军。这样从 1830 年起，在英国的利物浦和曼彻斯特之间的 45 千米铁路线上，就出现了奔驰的火车。

到 19 世纪末，电气化铁路也出现了。

这样，在 100 年的时间里，人腿一下子就“加长”了许多，交往更方便了。这些对人类有巨大影响的发明，也带动自然科学向前发展。比如物理学中的热学，在 19 世纪就明显地成为一门重要的学科。

在英国建成最早的铁路之后的 30 多年，中国的铁路建设也开始了。不过由于没有自己的工程技术人员，中国早期的铁路都是外国人承修的。1865 年英国商人在北京修了 1 千米的小铁路，试跑了小火车。自认为是龙的化身的清朝皇帝，害怕“龙脉”被“钢龙”破坏了，竟愚昧地下令限期加以拆除。

1878 年，为了运输河北开滦的煤，清政府才同意修建一条长 10 千米的铁路。

在中国铁路史上，詹天佑为中国人争了一口气。他主持修建了(北)京张(家口)铁路，体现出中国人的高度智慧和自力更生的精神，现在他的铜像屹立在北京八达岭附近，为后人所景仰。

# 飞行先驱者

中国敦煌的飞天以及西方教堂里的天使们的群像，那种优美的身姿和自得的神态，都反映出人类想飞上蓝天的美好愿望。

直到19世纪末，在陆地上，我们的车辆胜过任何走兽；在海洋里，我们的船只已超过任何游鱼；但在天上，我们还不及一只燕子。经过发明家们的努力，在又一个100年里，我们的太空飞船已经抵达月球。

今天，当喷气式飞机掠过你的上空时，请不要忘记飞行技术的先驱者们。整个19世纪，就是这些先驱者们用他们的智慧、汗水，甚至生命，为20世纪人的腾飞做了准备。

人类在最初想飞的时候，是企图学鸟类那样，扑翼飞翔。后来发现扑翼难以升天，就转向苍鹰学习，设计出滑翔飞行的翅膀。可是滑翔总是要从高处开始，这就限制了这种飞行器的用途，所以人们又将飞行器的研究转向气球。

1783年10月15日，法国一位名叫皮拉特尔·德·罗齐埃的物理学家，自告奋勇要乘热气球升空，成为第一个乘气球飞上蓝天的人。

后来又发展了充氢气的气球，而且成功地飞越了英法两国之间的多佛海峡。

1795年，气球在法奥战争中曾被用来侦察敌情，但是因它受风向的影响而不能随意控制，而未引起军界的重视。

蒸汽机用于车辆的成功，鼓舞着发明家继续设计装有发动机的新式气球。1851 年，法国人在气球上安装 27 千瓦的蒸汽机，带动螺旋桨飞行。这种气球，既可升空，又可前进。后来把这种气球设计成梭子状，像是航行在水中的船，称为“飞艇”。先是软式的，后来设计成硬式的。其中以德国陆军中将齐伯林研制的最著名，在第一次世界大战中已正式投入军用，直到后起之秀——飞机问世。

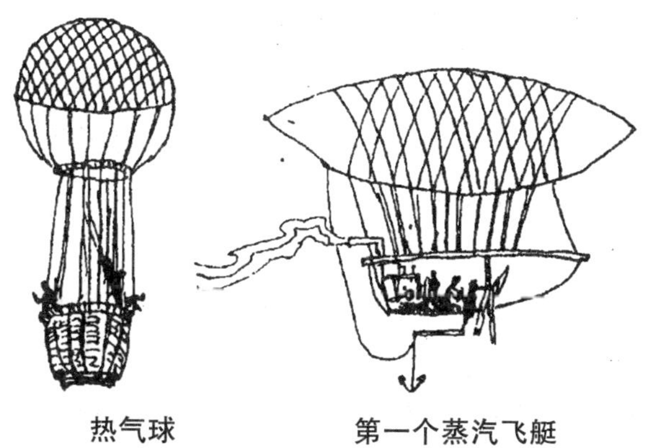

热气球　　第一个蒸汽飞艇

# 漂浮的岛屿

船的发明比车要早得多，因为行车要筑路，而行船只需要水流深稳就行。考古证明，我国至少在7000年前就有了船。不过直到19世纪，船的动力都是靠人和帆。

蒸汽机发明后，很快被用于船上。

英国蒸汽工程师威廉·赛明顿（1763年～1831年）最初是研究蒸汽机车的，后来兴趣转向轮船。1788年，他制成两侧带桨轮的轮船在河上行驶成功。1803年他制成了拖船。原来帆船是用人和马用纤绳拖行的，现在改用机动船来拖拉，立即遭到拖船行业的反对。新发明只好搁置起来，赛明顿在失望中逝世。

1789年英国将轮船改用螺旋桨推进。美国1807年才有史蒂文生（1781年～1848年）发明的带有螺旋桨的轮船，但是它在内河行驶受到原有的带明轮的轮船主反对，只好在海上试航，沿着海岸由纽约到达费城。这是世界上首次机动船航海。

1819年，美国的“萨凡纳”号轮船横渡大西洋成功，开辟了航海史新的一页。“萨凡纳”号重550吨，只有14.7千瓦。它装有3支桅杆，也可以借助风力航行。它用了一个月从美国航行到英国。不过“萨凡纳”号耗煤很多。它远航英国时，不到航程的一半，煤就耗尽了，只得改用风帆，因此美国公众对轮船兴趣不大。英国倒是一直在改进设计，加大船用蒸汽机的功率，最后在航运业中称霸世界。到1838年，英国制造的“大西洋”号已有1320吨，551.25千瓦，横渡大西洋只用了16天。

早期的轮船仍然是木制的。1843年，英国的优秀工程师布鲁纳设计了铁板造的“大不列颠”号，重2000吨，装有1470千瓦发动机。在一次航行中它曾搁浅达11个月之久，却保持完好。从那以后，人们认识到铁制轮船的优越性。

首次航海的明轮轮船

当时2万吨的船每天要耗煤300吨，故而有一段时期停止了建造大船，而把注意力放在改进发动机上面。先后采用了汽轮机和柴油机。在动力得到改进之后，就又开始建造大吨位的轮船。到20世纪，轮船越造越大，它们如同漂浮于海上的岛屿。豪华邮轮上有舞厅、影院、游泳池，甚至在钢板上铺以泥土，种上树木和花草，以消除旅客寂寞。

# 发电机与电动机

在发现了电磁感应之后，法拉第曾经制作电动机。可是他只是位科学家而不是工程师，他只做了个模型，表明从原理上可以制成电动机，就没再继续研制。

一些工程师和发明家在研究如何造出实用的发电机。1832 年，法国人皮克希制成了最初的发电机，已经有了现代发电机的基本部件，可是发出的电流太小，也只能算是一种模型。

德国的维尔纳·冯·西门子（1816 年～1892 年）制成了可以发出强大电流的发电机。他们兄弟四人都是发明家。后来西门子公司生产了性能良好的发电机，不过都是直流的，只能近距离供电，可以用作探照灯和炸药引爆的电源。那时还未发明电灯，更谈不上其他家电了。

后来德国的工业发展了，特别是电动机发明出来以后，用电量猛增，才出现远距离、大功率的供电。为了减少远距离送电的电力损失，1873 年又发明了交流发电机。

虽然法拉第早就制作出电动机的模型，可是发明实用的电动机却是通过一次偶然事件。1873 年在一次展览会上，由于工作人员疏忽，将一台发电机的出线接到另一台发电机上，后者就转动起来。在场的工程师就想到制作电动机。

1879 年，西门子公司制成用电动机带动的车辆——有轨电车。

有了发电机和电动机，再加上中间的输配电设备，就形成了一个用电系统，它促成了动力的第二次革命。电动机有许多蒸汽机望尘莫及的优点，它体积小，操纵容易，因而问世之后，便得到飞速发展。

有了发电机，紧接着一系列用电的器具就逐步设计出来了，19世纪，已经发明了电灯、电话、电影等。就是原来不用电的设备也改成用电的，例如电炉和电暖气等。到 19 世纪末，就出现了前所未有的电的世界。

# 莫尔斯与电报

当你听收音机时，常常可以听到嘀嘀哒哒的声音；在电视或电影中，你也可能看过拍发电报的镜头，其中嘀嘀哒哒，有长有短的声音，这就是莫尔斯电码。电报就是莫尔斯（1791 年～1872 年）发明的。

在人类社会走向现代化的过程中，远距离的快速通讯日益成为人们的迫切要求。那么，用什么方法来实现呢？自古以来，人们几乎动用了所有可能的手段来实现远距离的通讯。电磁学刚一诞生，首先想到利用这一知识的也是将它用于通讯。

17 世纪曾有人设想，在两地用磁针的转角大小代表字母来进行通讯，但因为现象微弱而无法实现。1774 年，有人曾将 24 根导线并在一起，两端都接上检电器，通过它的动作来进行通讯，这在原则上是可行的，但造价高，而且当时还没发明电池，线路上的信号衰减也很大，实际上还是不能实现远距离通讯。

电流的磁效应被发现后，安培等人曾设计过有几十根导线和几十个磁针的通讯机。高斯和韦伯也设计过类似的通讯机，这类机器都是利用导线中的电流的变化使磁针转动来显示信号，这种信号往往不够准确。但是英国的惠斯通用 6 个磁针和 6 个线圈做成的通讯机，居然付诸使用了若干年。

真正可用的通讯机还要算莫尔斯发明的电报机。它采用了后来被广泛接受的莫尔斯电码，传递的信号很准确。

莫尔斯原来是一位画家，1832 年在一艘驶往纽约的邮船上，听到了刚发现的电磁感应的知识介绍以后，对于将电磁现象用于通讯产生了浓厚的兴趣。经过几天的思索，到下船时已经有了设计的轮廓，他竟然有几分把握地对船长说："先生，不久你就可以见到神奇的'电报'啦！请记住，它是在你的'萨丽'号上发明的。"这位画家的兴趣一下子转向了电报。

画家想的还是有点浪漫，真正做起来才发现自己的电学知识不足。已经 40 多岁的莫尔斯只得从头学起。他的爱好原来是彩色的世界，现在变成了线圈、磁铁、导线的世界。3 年过去了，电报机还没造出来。为了生活，为了继续实验，莫尔斯不得不重操旧业，到大学去当美术教授，可是心中却念念不忘他的电报机。又经过多少个不眠之夜，他终于悟出："电流只要停止片刻，就会出现火花，火花就是一种符号；没有火花是另一种符号；没有火花的时间稍长又是一种符号。这里有 3 种符号可以组合起来，代表数字和字母。它们可以构成全部字母，文字就能通过导线传送了。这样，能够把消息传到远处的崭新工具就可以实现了！"这就是他发明莫尔斯电码的想法，只用电火花的"是""否""空"3 种情况，就可以表示出全部字母，比以前物理学家们利用电流磁效应的办法高明多了，既简单又不易出现失误。

1837 年，莫尔斯还发明了继电器以解决电流变弱的问题。每当电流变弱，继电器就启动另外电池供电。这样，他进行了 500 多米距离的通报试验，获得成功。这一年他申请了专利。再扩大实验范围，架设城市间的有线电报线路就需要政府资助。他费了很大力气说服议员们，终于在 1843 年得到 3 万美元架设了从华盛顿到巴尔的摩的线路。这可是走向实用阶段了。1844 年 3 月 24 日，莫尔斯亲手发出世界上第一封电报，电文为《圣经》中的一句话："主啊！你做了什么?”

有了莫尔斯的成功，接下去就是改善和提高问题。很快就铺设了海底电缆，将欧美大陆用通讯导线联起来。

今天，莫尔斯电报机的物理部分，已经被改善得非常先进了，可是画家莫尔斯发明的电码还在继续使用，甚至在特殊场合下人们也习惯于用它。电影《尼罗河上的惨案》中有个这样的镜头：大侦探波洛遇到毒蛇时，就是用莫尔斯电码给副手发出 SOS 信号得救的。

| | | | |
|---|---|---|---|
| A ._ | B _... | C _._. | D _.. |
| E . | F .._. | G _ _. | H .... |
| I .. | J ._ _ _ | K _._ | L ._.. |
| M _ _ | N _. | O _ _ _ | P ._ _. |
| Q _ _._ | R ._. | S ... | T _ |
| U .._ | V ..._ | W ._ _ | X _.._ |
| Y _._ _ | Z _ _.. | | |

莫尔斯电码

# 电话的发明

虽然莫尔斯利用电磁学发明了莫尔斯电报，但人们还不满足，能不能进而利用电磁学实现远距离直接通话呢？许多人就此问题冥思苦想，却没有成功。

1837年，美国物理学家贝奇发现，当切断电磁铁线圈的电流时，会发出一种轻微的声响。他将这种现象命名为“伽伐尼音乐”。以后德国人莱斯利用这一现象设计了一台原始电话机。他将啤酒瓶底去掉，形成喇叭口，在瓶颈处装上薄膜，对着啤酒瓶说话，薄膜振动通过铂丝将电磁铁交替地切断和接通，以产生“伽伐尼音乐”效果，可是声音太弱，他又用小提琴作为共鸣箱。在1860年，他又作了改进。可是，在他制成可用的电话之前，他就于1873年去世了，留给人们的是他创造的“电话”（telephone）这个词。

能够真正使用的电话是苏格兰人贝尔发明的（他后来移居美国）。

贝尔（1847年～1922年）生于苏格兰爱丁堡的一个语音学世家。祖父、父亲都是研究语音学的。父亲还发明了聋哑人用的手语。

像所有发明家一样，贝尔小时候就对周围事物有着强烈的好奇心。据说他很善于演讲。他和小朋友们组织了一个“少年技术协会”。有一天协会成员拖来一头死猪，热爱解剖学的小贝尔就利用这头死猪讲了起来，然后又解剖示范，没想到猪已经死了好几天了，一刀下去，臭气满屋，听众都被薰跑了，可是贝尔还在解剖。

贝尔进的是英国爱丁堡大学（麦克斯韦、达尔文都在那里学习过），他继承家庭传统，学的也是语音学。

在他毕业后不久，父亲带着他们全家迁到加拿大。贝尔在1869年22岁时，受聘到美国波士顿大学任语音学教授，当时美国正进行工业革命，是发明家施展才华的好处所。

从语音学出发，他原想发明一种供聋哑人用的“可视语言”，通过声波振动曲线，辨认出语言来。此事未能成功，却启发他研究电话。可是，对他来说，首先要补电学知识。他找到当时美国著名电学家亨利，后者给予他极大鼓励。

1873年，他辞去教授职务，专心搞电话研究。这项研究一定要两个人进行，他找到一位年轻的志同道合者。经过2年努力，终于制成一台粗糙的样机。可是声音太小，他们又改进受话音箱。

1875年6月的一天，人类第一次电话传递成功了。是贝尔的声

贝尔发明的早期电话机

音，他喊道："沃特森先生，快来呀！我需要你！"原来是贝尔不小心把硫酸溅到腿上发出的喊声。

1876 年，贝尔申请了他发明的电话专利。新事物一开始往往受到守旧的人们怀疑。电话虽然好，愿安装者却不多。贝尔只得为他的发明广泛宣传。1878 年，终于建成波士顿到纽约长达 300 千米的实用电话，试验取得了成功。从此电话在逐步完善中普及。

贝尔有了收入，成立了贝尔电话公司，几乎垄断了美国的电话事业。1925 年公司又设立了研究室，称为"贝尔电话实验室"。这个实验室在传真机、晶体管、激光技术、光纤通讯等方面都有重大贡献，成为科学界的大型实验室，它的研究人员还获得过诺贝尔奖。

# 无线通信

利用电磁现象来进行通信，头一步是有线电报与电话。可是人们觉得有线很不方便，而且导线并不便宜，铺一条海底电缆更要花费巨额资金。人类早就有顺风耳之类神话流传，这可说是对无线通讯的向往。但是无线比有线要难很多。自从 1888 年，赫兹实现了电磁波的发射和接收，技术人员就开始具体考虑无线通信问题。

先是法国物理学家冉利在 1890 年重复赫兹实验时，发现了受到电磁波辐射的玻璃管中的铁屑的电阻有减小的效应。他据此制成了金属粉末检波器，可是金属粉末需要敲击才能恢复原来状态，继续接收信号。

1893 年，美国的泰斯拉发表了接收电磁波的调谐方法，并做了些遥控的演示实验。

1894 年俄国的波波夫制成了一台无线电接收机，虽然他也用金属检波器，但是用电铃显示信号。铃锤还用于敲击检波器，使它恢复原状。波波夫首次有意识地利用了天线装置。1896 年他将电铃改为电报接收机，正式做了传递莫尔斯电码的表演。

意大利的马可尼（1874 年～1937 年）也在进行无线通信的研究。1895 年，他在自己的花园里成功地进行了一次电磁波传递实验，用的是火花式发射机，接收器也配有天线。那年秋天，他的装置已可以在 2.7 千米的距离上传递信号。由于得不到政府的经济支

持，他便到英国寻求展示他的发明的机会。1896 年 6 月，他的发明在英国取得专利。同年 12 月，他又在伦敦科技大厅作了公开表演，从此他和他的无线电报机名声大振。

马可尼和波波夫几乎同时发明了无线通信。但是在以后改进设备时，马可尼受到英国邮电总局的人力物力支持，波波夫却没能得到沙皇当局的理解，以后两人的研究就拉开了距离。马可尼在英国的一个海湾相距 14.5 千米的两处间实现了海上无线通信，紧接着成立了研究无线电商业应用的公司。

马可尼还建立了一个正式的电台。著名物理学家开尔文在参观时，也表示非常赞许。开尔文原来曾领导铺设海底电缆，不太相信

马可尼与助手在进行实验

无线通信的可行性。他在试拍一份电报后，开玩笑地付了1先令作为“商用无线电报”的开始。

1898年，马可尼的无线电台随船报导了一次快艇比赛，显示出这项新发明的潜在生命力。同年12月，装在灯塔船上的电台，报告了一艘轮船搁浅的信号，使海军部少损失5万多英镑。

进一步的改进，马可尼采取了增高天线的办法。就这样，他也实现了横跨大西洋的无线通信。

马可尼因此项发明获得了1909年度诺贝尔物理奖。

马可尼于1937年7月病逝。全世界都哀悼这位无线电巨人。英国本土所有无线电报和无线电话都沉默两分钟，广播电台也停播2分钟。

马可尼生前还来过中国，对中国有着美好的印象。

无线通信由马可尼开创，但是真正大发展是20世纪的事，先是有了真空器件，以后有了晶体器件，这些内容，读者可以参看本丛书介绍20世纪科学成果的分册。

# 大发明家爱迪生

19 世纪科学上有许多重大发现，但是这些发现如果不能及时转化为生产力，还是不能造福人类。在转化为生产力的过程中，还需要解决具体的技术问题，就需要大批的发明家。爱迪生就是世界公认的大发明家。

爱迪生（1847 年～1931 年）生于美国俄亥俄州，小时候就特别好动脑筋，充满了好奇心，为此，曾留下许多笑柄。为了弄懂小鸡是怎样孵出来的，他居然在鸡窝里孵了一天。

他受的正规教育很少，主要是由当过乡村教师的母亲给予家庭教育。母亲在家里为他开辟了一间小实验室。

稍长，爱迪生对电学产生了兴趣。他先是在家乡附近的火车上卖报，后来准许在行李车的一角做些实验。因做实验时不慎失火，闯了祸，便被赶离了火车。

那时，已经发明了用莫尔斯电码拍发电报，爱迪生很快掌握了这一技术。这项技术给他带来谋生手段，也使他走上发明之路。

他的第一项发明是为了应付领导检查而设计的与时钟相联接的定时开关，以后又研究二重发报机。

爱迪生发明了一种股票行情自动记录器，申请了专利，并从中获得了一笔可观的收入。他用这一大笔钱建立了一座发明工厂，后来又建立了一个研究所，从此开始了他的发明的高产时期。这时，他聘请了各种专业人才，其中有不少通晓基础科学的专家。在他领导下，专家们集体研究，以发明改善人们生活的产品为目标。

这个所的第一项发明是炭精送话器，是对贝尔的送话器的改进。

因为爱迪生小时候在火车上实验闯了祸，耳朵被打聋了一只，所以他在调试炭精送话器时，就用一根短针来检验送话器膜片的振动情况。他感到随着送话的声音不同，从短针处感受到的振动也不一样，由此，他萌发了设计留声机的想法。

爱迪生设想，如果把声振动通过短针刻在什么东西上保留下来，就可以反过来让短针在刻有划痕的那种东西上划过时，引起膜振动产生与原来一样的声音。他几经试验，终于将留声机发明出来。在当时，“会说话的机器”曾轰动了全世界，一些报刊都称赞那是“19世纪的奇迹”。

爱迪生另一项重大发明是电灯，准确地说，是白炽灯，因为电弧式照明灯在法拉第时期就已发明出来了。从 1878 年起，爱迪生就着手研究白炽灯。在他以前也有人研究过，可是都因为灯丝寿命短而无法使用。爱迪生有他的研究所，人力物力雄厚。就那样，也试验了 1600 多种灯丝材料，6000 多种植物纤维，最后才找到一种竹子碳化后做成的灯丝比较耐久，可以点燃 1000 小时左右（现在白炽灯里用的是钨丝）。

1882 年，爱迪生开始为用户装上他发明的电灯。为了推广，最初提出可以免费使用 3 个月的优惠条件。可是一开始他采用串联方式，一个灯泡坏了，整个线路的电灯都不亮，后来才改为并联方式。他的研究所还发明了配套的诸如电门、闸盒、保险丝之类电器，才使电灯得到普及。

电影也是爱迪生发明的。他还发明碱性蓄电池、打字机、电车、

水雷探测器和战舰稳定器等等。有人统计，爱迪生共获1300多项专利。从16岁算起，他平均每12天半就有一项发明，真是发明大王！

这位发明大王当别人称赞他为天才时，他却说："天才，不过是1%的灵感加上99%的汗水！"

# 摄影术的发明

摄影（照相）术不仅丰富了人们的生活，也是科学技术中不可缺少的研究手段。19 世纪科学之所以能大踏步前进，其中也有摄影术的一份功劳。就拿印刷术来说，在没有摄影术之前，只能印刷文字和雕刻的插图，这对于交流科学信息是不够的。有些瞬息即逝的过程，只有依靠摄影才能记录下来。

要发明摄影术需具备两方面条件：一是透镜系统。在 19 世纪以前，人们通过显微镜、望远镜等光学仪器的制作，已经掌握了摄影术所需要的透镜系统设计的知识；二是记录部分。在 19 世纪以前，这方面还是空白，发明摄影术之困难就在这里。

最早时，人们只能将被摄的影物，成像于白纸或玻璃上，再用笔来描绘，后来发现有的化学物质受光照射后会变色。这是很关键的一步，可是利用这一特性，也有不少困难。

1802 年英国人发明了一种能将摄下的影像保留一小段时间的方法。后来德国人尼布斯全力投入研究，发现有一种叫做“薰衣草油”的物质可以感光。他将沥青粉溶化在薰衣草油中，把这种溶液涂在金属板上；干了以后，放在暗箱中，经过摄影器长时间曝光后取出，用石油溶去未曝光部分的沥青。尽管摄得的影像还很模糊，但是已具备了现代摄影的雏形。他千百次地换用各种油和金属板，都没能再有进展。后来他听说法国人达盖尔也在研究感光板，便与他合作。

当时要拍摄一张清晰的照片，需用 3 个小时。后来在镀银板上喷涂碘蒸气、水银蒸气，效果较好，但是也需要 1 小时左右感光。这时已到 1840 年左右。后来采用溴化银，感光时间又一下子缩短到 3 秒，不过用的还是硬干板。

英国人塔尔博特用碘化银作感光剂，用碘化镓定影，也缩短了感光时间。

直到 1860 年，所有发明的感光板还有一大缺点，就是一定要在感光剂涂上还没有干的时候拍摄，一旦干了就不能感光，所以被称为“湿板”。为此，在拍照时，摄影师还要带上帐篷作为暗室，临时在玻璃板上涂感光剂，每拍 1 张，就要涂 1 次。

1871 年，英国人马多克斯才发明干了也能拍摄的感光剂，用它涂于片基的感光板就称为“干板”。这时感光时间已缩到 1/16 秒。但所用的片基还是玻璃硬板。在实验室还可以容忍硬板的不便，甚至这还是一种优点（在大面积时能保持平整）。若是在室外拍摄，硬片就很不方便，份量也太重。

后来美国人发明了赛璐珞片，为摄影提供了理想的片基，它是软片，可以卷起来，因此现在人们将摄影软片称为胶卷。有了这种软片，装一次可以拍许多张。感光片的改进，立即促进了相机的小型化，于是摄影也就随之普及了。

到了 20 世纪，又发明了彩色胶卷和为科研服务的高速摄影技术。

有了感光软片，就有了发明电影的物质基础，所以在 19 世纪末就出现了电影。

# 武器

19 世纪的科学取得了巨大进展，促使武器也明显地得到改进。武器更受到政府的关注，因为整个世纪，世界范围内战争不断。

## 枪

枪炮的前身是管形火器，那是我国北宋时期发明的，后来逐渐从中分化出枪和炮来，它传到西方后又有新的发展。

19 世纪以前，枪支都是小批量生产。德国的一个工厂，一年内才能造 1 万多支步枪，而且由于加工水平差，零件互换性不强，坏了一个零件，整个枪支就报废。

美国工业起步晚，但是没有更新设备的包袱，因而发展得很快，一开始就形成批量生产的能力，采用可互换的零件设计。

以前步枪装弹，都是从枪口装进，称为“前膛枪”。19 世纪中叶改为尾部装弹的“后膛枪”。构造虽然复杂了，但是缩短了装弹时间。在战斗中，时间就是生命，这种枪很快在战场上证明是受士兵欢迎的。

手枪虽然射程短，但是携带方便，在防身和近战时能发挥它的特长，因此，发明家对它很感兴趣。手枪是 17 世纪问世的。1814

年，出现连发式手枪。1835 年，出现左轮手枪，每发射一次，用手转动一下弹仓。1845 年又发明了自动连发手枪，以后将弹仓设计在枪柄内。

机关枪可说是连发式步枪。1883 年英国人马克西姆发明了从一个枪身能连续发射的机关枪。它是利用子弹发射时的反作用力来移动子弹带，从而达到连续发射的目的。

## 炮

炮比枪流行得更早。早期的火炮装药、点火都很费时间；炮身是青铜或铸铁铸造的，做得又粗又大；射击时产生的反作用力也是人体所无法承受的，因此早期的火炮都是架在城墙或炮台之上。

炮在 19 世纪从式样上改进不大，只是随着钢铁工业的发达，炮身可以制造得更大更结实，而且已经将炮移装到车船之上，变成活动方便的武器。1898 年，已有 105 毫米口径的大炮，射程可以达到 6 千米。

## 军舰

枪炮、装甲和船只的结合就有了军舰。军舰上装的大炮不能太多，炮多了，船就重了，影响航速。军舰与民用船只另一不同之处是在暴露部位都要装上铁甲加以防护。

19 世纪虽然已有了蒸汽机，但是将它用于军舰较晚。1860 年，英国装有蒸汽机的军舰“奥利亚”号（9000 吨）的航速只有每小时 25 千米。冒着黑烟的庞然大物虽然是浮动的炮台，也是陆地炮台的活靶子。

能用于实战的潜水艇是1861年发明的。1868年为潜水艇配备上鱼雷。

19世纪的武器以今天的眼光来看，是相当落后了。可是在当时来说，它们还是有相当威力的。当时的帝国主义列强，凭借着船坚炮利征服了一个又一个落后的殖民地，残酷地奴役和压榨殖民地的人民。

# 中 国 篇

19 世纪，正值清朝嘉庆到光绪年间。那时欧洲各国已经走向资本主义，生产力的发展大大推动了科技的进步。而中国的社会经济还停留在自给自足的封建农业和家庭手工业相结合为主的水平上。1840 年的鸦片战争也未能使清王朝清醒，在割地赔款之后，还继续推行愚民政策，以维护它摇摇欲坠的统治。少数上层人物中思想比较先进者，曾提出过改良朝政向西方学习的主张，但是都未能付诸实现。从 19 世纪 60 年代到 90 年代，又有所谓洋务运动。运动规模较大，通过这场运动，中国开始走上现代化的漫长征途。

19 世纪的中国科技，基本上是欧洲科技在中国的再现，只不过是学习和引进，很少有独创之处，这可能是所有科技落后国家都要经历的过程，只有走完这段历程，才能培养出自己的科技人才，也才谈得上对世界科技有所贡献。

在洋务运动期间，清朝政府先后兴办了兵工、采矿、冶金、交通、纺织等企业，以及为这些企业发展而兴建的铁路和造船工业。

在创办这些工矿企业时，都是从国外引进设备和技术，因此，又需要翻译有关图书和兴办西式教育。从 1862 年起，清政府决定设立同文馆（今北京大学前身），各地设立译书馆，开始有计划地翻译一些科学技术著作。有几位著名的学者在这方面辛勤地工作着，例如数学家李善蓝和化学家徐寿等。他们在译书的过程中，也确定了不少科技名词。

在数学方面，除了翻译一些西方著作外，几位译者如李善蓝、项名达和戴煦等人也出版过自己的著作，达到了一定水平。李善蓝是浙江海宁人，他没有学过西方的微积分学，就独立地推导出定积分公式，充分显示出中国人民的高度智慧。

物理方面，翻译的图书不多，当时国内还没有独立的物理学科，一些学堂里也不专门讲授物理课。

有两位中国学者在光学方面进行过独立的研究，一位是郑复光，他将所了解的中国古代光学知识和西方传来的光学知识加以综合，形成他自己的体系，用他创造的术语，写成我国学者的第一部几何光学著作《镜镜诊痴》；另一位是邹伯奇，他写的书名为《格术补》，也是有关几何光学的著述，他还研究过照相术，自己配制过感光材料。

徐寿是比较系统地介绍西方化学来我国的一位翻译家。更难能可贵的是，他对轮船、枪炮、弹药都有所发明，曾经自制强酸、硝棉、雷汞等等。我们今天所用的化学元素名称中，有许多是他在翻译时最先使用的，如钠、锰、锌、钙、镁。

19 世纪，欧美各国正是发明和发现层出不穷的时候，我国却因为封建社会制度所限制，对整个世界的科技进步贡献甚少。

# 尾　篇

19 世纪这 100 年里，以物理学为带头学科，数学、地学、生物、天文、化学、医药等学科都以前所未有的速度往前发展。在技术领域，也已实现了人上可以升天，下可以入海，有了电灯、电话、电影。在经过一番辛勤劳动，换来累累硕果的时候，不少科学家都有点心满意足。例如，物理学家就好比是攀登在前面的登山运动员，在 19 世纪末，他们中不少人认为经典物理学（现在一直到高中所学的物理学内容都属于这个范围）已经建造成一座庄严雄伟和动人心弦的美丽的大厦，好像脚下所踏的已经是众山之巅，似乎是要做的事已经不多了。也有少数物理学家保持着清醒的头脑，他们觉得物理学还存在着毛病，存在着危机，有待进一步发展。此时在物理学的上空笼罩着浓密的乌云，它后来酿成了倾盆大雨，带来了一场伟大的革命。在这场革命中产生了划时代的现代物理学理论，那就是量子力学和相对论。

19 世纪最后 5 年的新发现，就是物理学革命到来的前奏。

19 世纪末出现的物理学革命，必然要冲击其他学科。首当其冲的是化学，因为化学的理论基础与物理学是息息相关的，一些化学理论随着物理学经受革命的考验。

至于天文学一向与时空观紧密相联，以牛顿力学为计算的出发点，现在也得关注物理学革命的发展。

生物学研究，也要利用物理学新发现所形成的新手段，例如 X 光、放射性等等。

由电磁现象的利用开始的工业革命，到 19 世纪末正是开花结果的时候，它成了物理学革命新成果的最大受益者。

19 世纪堪称为科学世纪，到 20 世纪，人类将迎来伟大的科技革命。在读者打开下一个分册时，就会看到关于伟大的科技革命的许多有趣的故事。

# 19 世纪科技大事年表

| 公历 | 事　　项 |
| --- | --- |
| 1801 | 托·杨［英］　光的干涉 |
| 1802 | 特里维西克［英］　蒸汽机车 |
| 1807 | 托·杨［英］　能量概念　戴维［英］　钠、钾　富尔顿［美］轮船 |
| 1808 | 马吕斯［法］　光的偏振 |
| 1811 | 阿伏伽德罗［意］　分子论 |
| 1814 | 史蒂文森［英］　火车头 |
| 1815 | 戴维［英］　安全灯 |
| 1817 | 托·杨［英］　光的横波性 |
| 1819 | “萨凡纳”号横渡大西洋 |
| 1820 | 奥斯特［丹］　电流磁效应 |
| 1821 | 安培［法］　电动力学 |
| 1822 | 夫琅和费［德］　光的衍射 |
| 1827 | 布朗［英］　布朗运动　欧姆［德］　欧姆定律 |

续表

| 公历 | 事　　　项 |
|---|---|
| 1829 | 罗巴切夫斯基［俄］　非欧几何 |
| 1830 | 亨利［美］　自感现象 |
| 1831 | 法拉第［英］　电磁感应　布朗［英］　细胞核 |
| 1832 | 伽罗华［法］　群论 |
| 1835 | 莫尔斯［美］　有线电报 |
| 1837 | 法拉第［英］　电磁场理论 |
| 1838 | 施莱登［德］　细胞学说　达盖尔［法］　摄影术 |
| 1839 | 法拉第［英］　《电学实验研究》 |
| 1842 | 迈尔［德］　能量守恒 |
| 1848 | 开尔文［英］　绝对温度 |
| 1849 | 菲索［法］　光速测量 |
| 1854 | 黎曼［德］　非欧几何 |
| 1859 | 达尔文［英］　进化论 |
| 1860 | 麦克斯韦［英］　气体分子速度分布律 |
| 1864 | 麦克斯韦［英］　电磁场方程 |
| 1865 | 孟德尔［瑞典］　遗传法则　克劳修斯［德］　熵 |
| 1866 | 西门子［德］　改进发电机 |
| 1867 | 诺贝尔［瑞典］　安全炸药 |
| 1869 | 门捷列夫［俄］　元素周期律 |
| 1871 | 麦克斯韦［英］　光的电磁说 |

续表

| 公历 | 事　　项 |
|---|---|
| 1876 | 贝尔［美］　电话 |
| 1884 | 爱迪生［美］　爱迪生效应 |
| 1885 | 伊斯特曼［美］　照相胶片 |
| 1886 | 戈尔德斯坦［德］　阴极射线 |
| 1888 | 赫兹［德］　电磁波实验 |
| 1890 | 斯通［英］　提出“电子”一词 |
| 1893 | 爱迪生［美］　电影 |
| 1895 | 伦琴［德］　X射线 |
| 1896 | 贝克勒尔［德］　放射性　马可尼［意］　无线电 |
| 1897 | 汤姆逊［英］　阴极射线由电子组成 |
| 1898 | 居里夫妇［法］　镭、钋 |
| 1899 | 汤姆逊［英］　电子 |
| 1900 | 普朗克［德］　辐射定律、能量子<br>齐伯林［德］　飞艇 |